A comprehensive and practical guide to

AIRLINE SERVICE MANAGEMENT

본서에는 항공사의 상품, 항공사 마케팅 및
전략적 제휴 그리고 항공서비스 산업의 직업기회 등이
정리되어 있습니다.
항공서비스산업에 꿈을 가지고 있는 학생들과
국제화시대를 살고 있는 젊은이들에게
작게나마 도움이 되었으면 합니다.

Airline service products, airline marketing and strategic alliance
and career opportunities in airline industry
are well illustrated in this book.

It has been written with the hope of giving an advantage
to youth in a global world and students
who wish to build successful careers in airline service industry.

Be one step ahead of others.

많은 분들의 도움이 있었습니다.

김지회 교수님, 정혜련 교수님, 정은유 교수님
그리고 사랑하는 제자들 송윤정, 이미경, 박주미, 유소이
교정과 편집으로 많은 수고를 한
백산출판사 편집부 그리고 진욱상 사장님.

이 지면을 빌어 깊은 감사의 말씀을 드립니다.

Contents

Contents

Contents

History of Airline Service

1

항공서비스의 발달

항공서비스의 이해

항공서비스의 발달
1. 세계 항공서비스의 발달
2. 한국 항공서비스의 발달
3. 저비용항공사의 발달
4. 세계 지역별 항공운송 동향

⬇

항공서비스 상품

⬇

항공서비스 특성 및 유형

항공사 마케팅

항공사 마케팅

⬇

항공사 전략적 제휴

항공기 및 공항의 이해

항공기의 이해

⬇

공항의 이해

항공서비스 진로

항공서비스 산업의 직업 기회

HISTORY OF AIRLINE SERVICE
제1장 **항공서비스의 발달**

제1절 세계 항공서비스의 발달

항공기술은 새처럼 하늘을 날고 싶다는 인간의 소망에서 시작되었다. 1783년 두 명의 프랑스인이 열기구 풍선으로 파리의 300피트 상공 비행에 성공하였으며, 이후 1903년 미국의 라이트wright 형제는 인류 최초로 가솔린엔진을 장착한 항공기 플라이어flyer호로 12초 동안 36m를 동력 비행하는 데 성공했다.

제1차 세계대전을 거치며 신형 전투기 개발 등으로 항공기 제작기술이 크게 발달했다. 1920년대와 1930년대에는 엔진과 프로펠러가 장착된 항공기의 등장으로 장거리 항공운송이 가능하게 되었다. 1927년에 미국의 찰스 오거스터스 린드버그charles augustus lindbergh 2세가 'Spirit of St. Louis'를 타고 뉴욕과 파리 사이의 대서양 무착륙 횡단(거리 5809km, 비행시간 34시간 55분)에 성공했다. 그러나 1937년 독일이 제작한 비행선 힌덴부르크hindenburg호의 폭발로 항공기에 대한 관심이 급격히 저하되었다. 이후 항공기가 실제로 대중교통수단으로 사용되기 시작된 것은 제2차 세계대전이 끝난 후부터였다.

제2차 세계대전은 제트기의 등장과 함께 상용항공기 산업을 촉진시키는 중요한 역할을 했다.

1946년 세계 최초의 제트 엔진 항공기 코메트comet 1호기가 영국에서 생산되었으며, 1952년 영국 런던에서 남아프리카 요하네스버그로의 노선에 처음으로 취항했다. 이후 1959년 미국의 보잉boeing사에서 개발한 B707 제트여객기가 대서양 횡단 정기노선을 운항하기 시작하였다. 1962년에는 영국과 프랑스가 콩코드concord기 개발에 착수하여 1969년 시험비행에 성공하였고, 1976년 대서양 노선에 취항하기 시작했다.

미국 보잉사에서 개발한 B747 항공기는 1969년 말 시애틀 - 뉴욕간 장거리 시험비행에 성공하여 1회 400명 이상을 수송할 수 있게 되었다. 또한 1993년 기존 4개의 엔진을 장착한 것과는 달리 엔진을 2개만 장착하고 좌석 수는 300석에서 400석 규모의 여객기인 B777을 개발하였다.

이에 대항하기 위해 프랑스의 에어버스airbus는 좌석 수 500석 이상의 대형 여객기 개발에 대한 연구를 시작했는데, 2000년 12월 19일에 꿈의 비행기, 하늘을 나는 호텔이라고도 불리는 에어버스 A380개발에 성공했다. A380은 2007년 10월 싱가포르항공에서 첫 운항을 시작해 B747기를 제치고 세계 최대의 여객기가 되었다.

미국보잉사는 이에 드림라이너dreamliner라는 별명을 지닌 프리미엄급 여객기로, 동체 무게가 기존 항공기의 1/4에 불과하지만 강도는 10배나 강한 첨단 소재인 탄소복합재의 비중을 50%로 늘려 전보다 연료효율이 높고 창문이 넓은 B787을 개발하여 2011년 첫 상업비행을 시작하였다.

이와 같이 항공기의 발전은 시대적 배경과 요구에 의해 비약적인 기술혁신을 이루게 되었으며 항공기의 대형화, 고속화는 항공여행의 대중화를 실현하고 있다.

1990년대 중반 이후 세계 항공시장은 인적, 물적 교류의 확대 및 항공자유화정책의 확산으로 무한경쟁시대가 도래하였다. 이에 따라 주요 대형 항공사들은 지배력 확대와 경쟁력 제고를 위해 항공사 간 전략적 제휴를 체결하였다. 스카이팀sky team, 스타얼라이언스star alliance 그리고 원월드one world 등의 항공사 동맹체가 현재까지 유지되고 있다.

항공발달의 역사에 중요한 이정표를 나타낸 것이 〈표 1-1〉이다.

〈표 1-1〉 세계 항공사의 이정표

연 도	중 요 사 항
1783	인간이 탑승한 열기구가 파리에서 최초로 선을 보임
1873	열기구로 대서양 횡단을 최초로 시도함
1903	노스캐롤라이나 키티호크에서 라이트 형제에 의해 엔진추진비행기 비행 성공
1909	프랑스의 블레리오가 영불해협을 횡단하며 장거리비행 성공
1919	유럽에서 상용항공서비스 개시
1927	린드버그가 뉴욕의 루즈벨트 필드에서 파리까지 단독 논스톱 대서양 횡단 비행에 성공
1928	팬암이 미국에서 국제 여객서비스를 최초로 개시
1933	윌리 포스트가 첫 번째 단독 세계일주비행에 성공
1936	더글러스 DC-3기 항공서비스 개시(30인승 시속 300km)
1939	최초의 터보 제트기 독일에서 생산
1942	최초의 제트기 미국에서 생산
1950년대	기종 대형화, 항속거리 연장(DC-4, DC-6, DC-7)
1959	대서양 정기 횡단 운행 개시(B707)
1960년대	고속 대형제트기시대의 개막(시속 900km, 항속거리 1만km, 150석, DC8등장)
1961	소련의 유인우주선 보스토크호 인류최초 우주여행
1969	콩코드 비행기 시험비행 성공
1970년대	첫 점보제트 취항(B747)
1975	초음속여객기 콩코드 개발, 소련 T-144 여객기 등장
1976	초음속여객기 콩코드 여객서비스 개시
1980년대	대량 초고속 수송 활발
1986	Voyager 항공기 주유 없이 논스톱 세계일주
1990년대 초	걸프전쟁의 영향과 세계경기침체로 성장률 감소
2000년대	저비용항공사 증가
2000	에어버스 A380 개발
2001	9·11테러로 인한 보안강화
2003	기술적 결함 및 경제성으로 인해 콩코드기 여객서비스 중단
2004	에어프랑스와 KLM네덜란드항공 합병(에어프랑스-KLM)
2005	A380 프랑스 툴루즈에서 첫 비행
2007	싱가포르항공사 A380 첫 취항
2008	EU와 항공자유화지역협정 체결
2010	델타항공, 노스웨스트항공과의 합병으로 세계 최대 항공사 등극
2011	드림라이너dreamliner라는 별명을 지닌 B787 첫 상업비행
2013	아메리칸항공, 유에스항공U.S airways과의 합병으로 세계 최대항공사 등극
2017	아시아, 태평양 지역 세계항공운송 비율 35% 점유. 유럽 및 북아메리카보다 비중 높아짐

〈표 1-2〉 항공사별 여객 운송실적(여객 기준)

	순 위	항공사	국 가	여객 수송(RPK)
	1	American Airlines	미국	320,813
	2	Delta Air Lines	미국	302,512
	3	United Airlines	미국	294,970
	4	Emirates	아랍에미리트연합	251,190
전세계 Top 10 항공사	5	China Southern Airlines	중국	189,186
	6	Southwest Airlines	미국	189,097
	7	Lufthansa	독일	145,904
	8	British Airways	영국	140,780
	9	Air France	프랑스	139,217
	10	Ryanair	아일랜드	125,194
저비용항공사	21	EasyJet	영국	78,017
	25	Jet Blue	미국	67,171
한 국	20	Korean Air	한국	70,923
	46	Asiana Airlines	한국	39,435

Source : IATA annual report 2016.

주) 1. RPK(Revenue Passenger Kilometer : 유상여객킬로미터) 기준 순위이며, 1위인 아메리칸항
공은 320,813(RPK)이다.
2. 대한항공은 70,923(RPK), 아시아나항공은 39,435(RPK)이다.

제2절 한국 항공서비스의 발달

우리나라에 비행기가 최초로 등장한 것은 일본 해군 기술장교인 나라하라奈良原가 용산의 조선군 연병장에서 '나라하라 4호' 비행기로 공개비행행사를 가진 1913년이다.

최초의 한국인 조종사인 안창남은 1922년 12월 10일 12시 22분 뉴포트newport 15형 단발 쌍엽 1인승 비행기 '금강호'로 여의도 간이비행장을 이륙하여 남산을 돌아 창덕궁 상공을 거쳐 서울을 일주하였으며, 1925년에는 중국 운남 여학교 제1기 졸업생 권기옥이 비행사 자격을 취득하여 한국 최초의 여류비행사

가 되었다.

우리나라에 처음으로 민간항공이 등장한 것은 1926년 이기연 비행사가 서울에 경성항공사업사를 설립하면서부터이며, 해방 후 1948년 10월 신용욱이 대한국민항공사korea national airlines : KNA를 창설하면서 본격적인 민간 항공시대를 맞이하게 되었다.

대한국민항공사는 1948년 10월 10일 교통부로부터 국내선 면허를 취득하고 미국 스틴슨 항공기 5인승 3대를 도입하여 서울 - 부산 간 여객 수송을 시작하였다. 1953년에는 서울 - 홍콩 노선을 임시 운항하여 국제선 운항에 성공을 거두었으며, 1954년 8월 29일부터 서울 - 대만 - 홍콩을 주 1회 정기 운항함으로써 최초의 국제노선을 취항하게 된다. 그러나 적자운영을 면치 못하다가 1962년 해산되었다.

1962년에는 국영항공사 대한항공공사korea airlines co., Ltd., : KAL가 설립되었으나 계속되는 누적적자와 재정난으로 1969년 3월 1일 한진그룹에 인수되어 민간항공회사로 새로이 출발하게 되었다. 또한 같은 해 8월 4일 KAL의 공식명칭을 대한항공korean air : KE으로 변경하였다.

1988년 2월 17일, 항공수요 급증에 따른 수송력 확대의 필요성, 외국의 복수항공사 취항에 대한 적극적인 대응의 필요성 등에 의해 금호그룹이 (주)서울항공을 설립하였다. 같은 해 8월 8일, 사명을 아시아나항공asiana airlines : OZ으로 변경하였으며, 12월 23일에는 서울 - 부산 노선과 서울 - 제주 노선에 취항함으로써 복수 민항시대가 개막되었다.

1990년대에는 본격적인 복수민항체제의 구축으로 공급능력이 확대됨에 따라 우리나라는 항공산업의 고속성장을 기록하였으며 국제항공시장에서도 서비스 부분에서 높은 평가를 받았다.

우리나라 항공사는 길지 않은 역사에도 불구하고 빠른 성장을 이루며 세계 속의 항공사로 발돋움하고 있다.

대한항공은 2007년 국제항공서비스협회international flight services association :

IFSA가 수여하는 기내서비스 부문 금상을 수상mercury awards하였으며, 2009년 월드 트래블러world traveller가 선정한 중국인이 가장 선호하는 외국 항공사, 2011년 월드 트래블 어워드 그랜드 파이널world travel awards 2011 grand final시상식에서 세계 최고의 혁신 항공사world's most innovative airline, 2013년 글로벌트레블러Global Traveler 선정 Best Flight Attendant Uniform, 일본능률협회컨설팅 주관 2015 글로벌고객만족도GCSI 조사 항공여객운송서비스 부문 1위, 또한 영국의 항공 서비스 평가 전문 기관 '스카이트랙스'가 2016년 발표한 '사랑 받는 항공사' 세계 랭킹에서 5위로 선정되는 등 수많은 항공서비스상을 수여받은 대한민국 대표 항공사이다.

한국의 제2민항 항공사인 아시아나항공은 뒤늦게 출발하였지만, 1999년 5월 국내 항공업계 최초로 Y2K 인증을 획득했으며, 2003년 3월 1일에는 세계 최대의 항공 동맹체인 스타얼라이언스star alliance에 공식 가입하였다. 2009년 미국 ATWair transport world에서 선정한 올해의 최고 항공사로 선정되었으며 2011년 미국 비즈니스 트래블러지로부터 세계 최고 고객 서비스 상best customer service in the world, 2016년에는 차이나 트래블 어워드 시상식에서 최우수 대형 항공사로 선정되었다. 또한 아시아나항공은 항공 서비스 평가 기관인 영국의 스카이트랙스skytrax로부터 2007년부터 현재까지 5 Star 항공사 인증을 받았다. 현재 스카이트랙스로부터 5 Star 항공사로 인증된 항공사는 전 세계적으로 9개 항공사만 있다. 국내에서는 아시아나항공이 유일하다.

영국 런던에 위치한 스카이트랙스는 1989년 설립되었으며 전 세계 항공사와 공항에 대한 서비스 품질 평가 및 항공서비스 리서치를 수행하고 있다.

한국 항공발달의 역사를 정리해 보면 〈표 1-3〉과 같다.

〈표 1-3〉 한국 항공사의 이정표

연 도	중 요 사 항
1913	일본 '나라하라 4호' 공개 비행 행사로 비행기 최초 등장
1922	한국 최초의 조종사인 안창남이 '금강호' 비행기로 모국방문 비행
1925	권기옥 최초 여류비행사 탄생
1930	여의도에 조선비행학교 설립, 서울 상공 일주, 인천 왕복 유료비행 실시
1944	김포 비행장 완공
1948	대한민국항공사 설립
1954	동남아 국제노선 최초 취항(서울 - 대만 - 홍콩)
1962	대한민국항공사 해산, 대한항공공사 설립
1969	대한항공공사 (주)대한항공에 이양하여 민영화
1980	한국공항공단 설립
1981	항공의 날 제정(대한국민항공사 서울 - 부산 첫 취항한 10월 30일)
1983	사할린 상공의 KE 007 피격사건
1987	김포국제공항 확장공사 완공
1988	(주)서울항공 2월 설립, 8월 (주)아시아나항공으로 사명 변경하여 국내선 운항 개시
1998	한미 항공자유화 협정 개정
2000	인천국제공항 고속도로 개통, 대한항공 스카이팀 창설
2001	인천국제공항 완공
2003	아시아나항공 스타얼라이언스 가입
2007	공항철도 1단계 개통(인천공항 - 김포공항)
2009	인천대교 개통
2010	공항철도 2단계 개통(김포공항 - 서울역)
2011	대한항공 A380 뉴욕 첫 취항
2017	인천국제공항 국제공항협의회(ACI) 주관 공항서비스평가 12연패 달성
2018	인천국제공항 제2터미널 완공

대한항공 korean air

대한항공은 2011년 월드 트래블 어워즈 그랜드 파이널world travel awards 2011 grand final시상
식에서 세계 최고의 혁신 항공사world's most innovative airline, 2013년 글로벌트레블러global
traveler 선정 best flight attendant uniform, 일본능률협회컨설팅 주관 2015 글로벌고객만족도
GCSI 조사 항공여객운송서비스 부문 1위, 또한 영국의 항공 서비스 평가 전문 기관 스카이트랙스
가 2016년 발표한 사랑받는 항공사 세계 랭킹에서 5위로 선정되는 등 수많은 항공서비스 상을
수여받은 대한민국 대표 항공사이다.

제3절 저비용항공사의 발달

저비용항공사low cost carrier란 시장에 형성되어 있는 운임에 비해 비교적 저렴한 요금 수준으로 운송 서비스를 제공하고 있는 항공사를 총칭한다. 저비용항공사는 1970년대 미국에서 항공규제 완화와 항공시장 자유화에 힘입어 소규모 항공사들이 중소도시를 연결하는 단거리 항공운송을 주로 하는 지역항공의 형태로 발전하며 탄생하였다. 저비용항공사low cost carrier란 항공 수요 증가와 항공 자유화 확대로 인해 나타난 항공사의 새로운 비즈니스 모델로 승객에게 제공하는 서비스를 최대한 줄이고 운영비용 절감을 통해 기존 항공사보다 저렴한 항공 요금을 받는 항공사를 말한다.

저비용항공사의 대명사인 미국 사우스웨스트항공southwest airline은 1971년 첫 운항을 시작하였으며, 지금은 승객운송기준 세계최대 항공사 중 하나로 성장하였다. 미국의 다른 저비용항공사인 젯블루jet blue도 1999년 출범하여 미국의 대형 항공사들과 경쟁을 하고 있다. 유럽의 경우 1980년대 라이언에어 ryanair, 이지젯easyJet이 출범하여 연 40%의 성장률을 보이며 발전하고 있다.

최근 새로 설립된 저비용항공사는 대부분 기존 대형 항공사가 중심이 된 자회사 형태로 설립되고 있다. 대한항공이 지분 100%를 갖고 있는 진에어, 아시아나항공이 최대 주주(지분 46%)인 에어부산 등의 저비용항공사가 대표적 사례이다. 에어아시아 재팬, 에어아시아 필리핀, 에어아시아 싱가포르처럼 같은 브랜드로 범위를 넓혀가기도 한다.

최근 일본에서는 ANA가 참여하는 피치항공이 문을 열었고, ANA와 에어아시아가 공동으로 설립한 에어아시아 재팬, JAL과 호주 콴타스항공이 참여한 제트스타 재팬이 속속 시장에 참여했다. 싱가포르항공 역시 스쿠트를 설립하였으며, 중국의 3대 항공사 중 하나인 동방항공은 호주 콴타스항공과 제휴하여 저비용항공사인 제트스타 홍콩을 설립했다. 태국의 대표적인 항공사인 타이항공도 타이스마일이라는 저비용항공사를 설립해 마카오, 홍콩 등의 단거리 노선을 운항하고 있다.

대한민국 최초의 저비용항공사인 한성항공hansung airlines은 2005년 첫 비행을 시작하였으며 2010년 8월 티웨이항공t'way air으로 사명을 변경하였다. 또한 애경그룹과 제주도가 각각 75%와 25%의 지분을 공동출자하여 2005년 1월 설립한 저비용항공사 제주항공jeju air은 제주도를 기반으로 하는 지역항공사로 2006년 6월 제주~김포 노선에 첫 취항하였다.

2007년 8월 설립된 에어부산air busan은 아시아나항공과 부산광역시가 대주주이며, 2008년 10월 김해국제공항을 허브공항으로 부산~김포 노선에 첫 운항을 시작하였다. 2007년 10월에는 이스타 항공eastar jet, 2008년 1월에는 대한항공에서 100% 출자한 자회사로 진에어jin air가 설립되었다.

또한 2015년 4월에는 금호아시아나그룹의 새로운 저비용항공사 에어서울air seoul이 설립되어 저비용 항공사들의 경쟁이 심화되고 있다.

기존 대형 항공사들이 저비용 항공 시장에 뛰어드는 이유는 비행시간 4~5시간 이내의 중·단거리 노선이 급격히 저비용항공사를 중심으로 재편되고 있기 때문이다. 저비용항공사가 일찍 도입된 유럽의 경우 국제선 수송실적 1위와 2위가 모두 저비용항공사이다. 더구나 1위인 라이언에어의 지난해 국제선 수송 인원은 1억명을 넘었으며, 3위인 루프트한자독일항공(5,800만명)과 큰 격차를 보였다. 미국의 경우에도 국내선 수송에서 저비용항공사인 사우스웨스트항공이 압도적인 1위다.

세계최대의 저비용항공사인 사우스웨스트항공의 핵심 전략은 출장이 잦은 비즈니스 승객들을 대상으로 저렴하고 안전한 중·단거리 항공서비스를 제공하는 것이다. 요금만 경쟁력이 있다면 타 교통수단을 이용하기보다 비행기를 이용하려는 사람들이 많을 것이라는 생각에서, 운영비용과 불필요한 서비스를 최대한 줄이는데 기업운영의 초점을 맞추었다. 원가를 낮추면 경쟁사보다 요금을 더 저렴하게 책정할 수 있으며, 요금이 저렴하면 더 많은 승객을 확보할 수 있다. 또한 승객이 많아지면 운항편수를 늘릴 수 있기 때문에 승객들은 자신의 일정에 맞추어 더 편리하게 이용할 수 있다. 이러한 전략 덕분에 사우스웨스트항공의 승객 수는 폭발적으로 늘어나고 있다.

운영적 관점에서 보면 사우스웨스트항공은 항공업계의 관행과 전통적 가치관을 배제하고 있다. 물론 안전을 최우선으로 한다는 사실은 제외하고 좌석배정을 하지 않기 때문에 예약 데이터베이스에 좌석 배정번호를 저장할 필요가 없으며, 종이로 된 탑승권에 인쇄할 필요도 없고, 탑승 수속을 할 때 좌석번호를 확인할 필요도 없다. 따라서 직원들의 업무가 간소화되고 체크인 카운터의 서비스가 빨라져 탑승에 소요되는 시간이 단축되었다. 또한, 최초로 인터넷을 통한 항공권 판매를 실시하였다. 인터넷을 이용하면 여행사 등을 통해 대리판매하는 것보다 비용이 10분의 1 수준으로 줄어든다. 또한 다른 항공사의 경우, 재출발 준비에 소요되는 시간이 평균 45분이지만 사우스웨스트항공은 대부분 20분 내에 완료한다. 따라서 항공기의 가동률을 높일 수 있다. 저렴한 요금뿐 아니라 즐겁고 유쾌한 항공서비스를 제공하는 것으로도 유명하다. 고객들을 즐겁게 해주기 위해 특별한 날에는 승무원들이 그날에 어울리는 의상을 입는다. 예를 들어 부활절에는 토끼복장을, 할로윈 데이에는 그에 어울리는 다양한 의상을 입는다. 일하면서도 축제를 즐기는 기분이 들기 때문에 직원들도 이를 좋아한다.

저비용항공사들의 급성장에 비해 기존 대형 항공사들은 성장 부진을 겪고 있다. 특히 저비용항공사들이 각국에 하나둘씩 생겨남에 따라 중·단거리 노선에서의 고객 감소가 불가피해졌다. 그렇다고 항공사 입장에서 고수익 노선인 단거리 노선을 포기할 수 없는 상황이라 급변하는 시장 환경에 유연하게 대응하기 위한 방법으로 저비용항공사 설립이 성행하고 있는 것이다.

특히 아시아권에서는 최근 높은 성장속도를 보이고 있는 중동계 항공사(에미레이트항공, 카타르항공, 에티하드항공)들의 공세가 큰 영향을 주고 있다. 싱가포르항공이 저비용항공사를 설립한 것이 대표적 사례이다. 싱가포르항공의 주 수익원은 유럽~아시아, 유럽~호주를 연결하는 장거리 노선이었지만, 최

근 급성장한 중동계 항공사들이 동일한 구간을 대거 운항함에 따라 싱가포르
항공이 수익률 제고차원에서 저비용항공사를 설립하게 되었다. 중동계 항공
사의 공세로 아시아와 유럽을 잇는 경유지가 싱가포르에서 두바이 등 중동 지
역으로 바뀐 데다 중동계 항공사들이 장거리 중심의 전략을 구사하자 싱가포
르항공은 이에 맞서 가격 경쟁력이 있는 중·단거리 위주의 저비용항공사를
설립한 것이다.

저비용항공사의 발달사를 정리해 보면 〈표 1-4〉와 같다.

〈표 1-4〉 저비용항공사의 이정표

연 도	중 요 사 항
1967	사우스웨스트항공 설립
1985	라이언에어 설립
1988	이지젯 설립
1999	젯블루 설립
2005	한국의 최초 저비용항공사 한성항공 첫 비행
2006	제주항공 첫 비행
2007	에어부산, 이스타항공 설립
2008	한성항공 운항 중단, 진에어 설립
2010	티웨이 항공(구 한성항공) 취항
2015	에어서울 설립

〈표 1-5〉 저비용항공사 TOP 10

순 위	항공사	국 적	설립년도	여객 수	
				백만 명	항공기 수
1	Southwest Airlines	USA	1971	144.6	703
2	Ryan Air	Ireland	1991	106.4	352
3	EasyJet	UK	1995	68.6	249
4	Gol Airlines	Brazil	2002	38.9	133
5	JetBlue Airways	USA	2000	35.1	218
6	Lion Air Est	Indonesia	1985	32.0	114
7	IndiGo	India	2006	31.4	107
8	Norwegian	Norway	1993	25.8	106
9	Vueling Airlines	Spain	2004	24.8	102
10	AirAsia	Malaysia	2001	24.3	80

Source : airline business, 2017.6

주) 미국의 Southwest Airlines, 아일랜드의 Ryanair, 영국의 EasyJet이 선두에 있고, 인도네시아의 Lion Air와 말레이시아의 AirAsia가 10위권 내에 포함되어 있다.

제4절 세계 지역별 항공운송 동향

국제민간항공기구(ICAO; international civil aviation organization)가 발표한 최근 지역별 운송실적은 다음 그림과 같다.

유럽, 아프리카, 중동, 아시아・태평양, 북아메리카 그리고 라틴아메리카・카리브 등의 6개 지역으로 나누어 볼 때 여객킬로미터 기준에서 아시아, 태평양 지역이 33.4%를 차지해 1위를 나타냈으며, 다음으로는 유럽 26.1%, 북아메리카 23.1% 순이었다. 최근 항공여객 수요에서 아시아 지역의 성장이 급성장하여 항공서비스산업의 직업전망은 매우 좋을 것으로 예측된다.

[그림 1-1] 2016년 세계 지역별 항공운송실적(톤킬로미터) 점유율

〈표 1-6〉 2016년 세계 지역별 항공운송실적 점유율 　　　　　　　　　　(단위 : %)

구 분	운항횟수	여객 수	여객킬로미터	화물톤킬로미터
유　럽	24.4	26.3	26.7	21.8
아프리카	3.0	2.1	2.2	1.7
중　동	3.6	5.3	9.2	14.2
아시아・태평양	28.8	34.1	31.9	39.5
북아메리카	31.8	24.9	24.7	19.9
라틴아메리카・카리브	8.4	7.4	5.3	2.9
계	100.0	100.0	100.0	100.0

주) 소수점 2자리에서 반올림

　지역별로 전체 항공실적 중 국제선 실적 비중이 가장 높은 지역은 중동지역이며, 북아메리카 지역은 상대적으로 국내선 비중이 높은 것으로 나타났다.

　ICAO 국가별 항공운송실적 자료에 따르면 2016년 우리나라의 잠정적 항공운송실적 순위는 192개 가입국 중 전체 톤킬로미터 기준으로 8위를 나타냈다. 우리나라의 전체 운송실적은 여객부문 세계 16위, 화물부문 4위, 종합 8위를 나타냈다. 국제선을 별도로 보면 여객부문 11위, 화물부문 4위, 종합 6위에 해당한다.

ICAO에 가입한 국가 중 가장 많은 운송실적을 나타내는 국가는 미국으로서 과거와 같이 2016년에도 톤킬로미터, 여객킬로미터, 화물톤킬로미터 모두 1위를 차지하고 있다.

미국은 2016년 톤킬로미터 기준으로 1천705억8백만 톤킬로미터를 기록하였는데, 이는 ICAO 가입국 전체 운송실적의 20.9%에 해당된다. 여객킬로미터는 22%의 점유율로 화물톤킬로미터의 18.8%보다 상대적으로 높게 나타났다.

중국은 톤킬로미터, 여객킬로미터, 화물톤킬로미터 모두 2위를 기록했다.

〈표 1-7〉 2016년 주요 국가별 항공운송실적　　　　　　　　　　　　　　(단위 : 백만, %)

순위	국가명	여객킬로미터		화물톤킬로미터	
		실적	비율	실적	비율
1	미국	1,451,694	22.0	37,219	18.8
2	중국	725,901	11.0	19,806	10.0
3	아랍에미리트	357,194	5.4	16,647	8.4
4	영국	283,184	4.3	5,467	2.8
5	독일	244,664	3.7	6,985	3.5
6	일본	167,906	2.5	8,869	4.5
7	프랑스	184,146	2.8	4,098	2.1
8	한국	119,739	1.8	11,297	5.7
9	러시아	179,680	2.7	4,761	2.4
10	터키	157,419	2.4	2,882	1.5

주) 2016년 잠정치 기준, 순위는 톤킬로미터 기준임

버진 애틀랜틱 항공 virgin atlantic airways

버진 애틀랜틱항공은 버진그룹(51%)과 싱가포르항공(49%)이 공동 소유한 영국의 저비용항공사이며, 본사는 잉글랜드 크롤리에 있다. 세계 최초로 개인 텔레비전을 이코노미 클래스에 도입했으며 객실 내에 바와 이발소도 마련했다. 다양한 기내서비스와 더불어 오토바이로 런던 시내와 공항 간의 이동 서비스를 제공하는 등 차별화된 서비스를 적극적으로 도입하여 수많은 승객들에게 호평을 받고 있다.

2

항공서비스의 상품

항공서비스의 이해	항공서비스의 발달
	⬇
	항공서비스 상품 1. 항공서비스 상품 2. 항공상품의 가격에 영향을 미치는 요소
	⬇
	항공서비스 특성 및 유형
항공사 마케팅	항공사 마케팅
	⬇
	항공사 전략적 제휴
항공기 및 공항의 이해	항공기의 이해
	⬇
	공항의 이해
항공서비스 진로	항공서비스 산업의 직업 기회

AIRLINE SERVICE PRODUCTS

제2장 항공서비스의 상품

제1절 항공서비스 상품

항공사의 상품은 무엇일까?

승객이 구매하는 항공사의 상품은 목적지까지의 좌석이다. 그렇다면 승객은 항공사의 상품을 구매할 때 고려하는 요소는 무엇일까?

어떤 여행객은 가격이 저렴한 항공사를 선호하고 어떤 여행객은 승무원의 서비스를 보고 선택할 것이며, 또 다른 여행객은 항공사를 보고 선택할 것이다.

소비자의 욕구를 파악하고 충족시키는 것이 항공사의 기본 영업전략이다. 그러므로 항공사는 타 항공사와의 차별화를 위하여 서비스의 질에 더 많은 신경을 쓰고 있다.

요즘 각 항공사들이 내놓는 상품과 광고는 승객의 욕구에 부응하기 위해 많은 노력을 기울이고 있는 것을 볼 수 있다.

필자와 마케팅 전문기관인 트래블 커뮤니케이션스travel communications의 2012년 및 2017년 조사결과를 보면 해외여행자들이 항공사를 선택하는데 있어 가장 중요하게 고려하는 기준은 안전인 것으로 나타났다.

2017년 7월 인천국제공항 이용자 500명을 대상으로 항공사 선택기준을 조사한 결과 5점 만점을 기준으로 하여 안전성이 4.57점으로 가장 중요하게 평가되었다.

이어서 가격 4.32점, 승무원의 서비스 4.21점, 항공사 이미지 4.19점, 넓은 좌석 4.10점 등이 주요 고려 기준으로 뽑혔으며, 뒤이어 국적항공사의 여부 3.76점, 마일리지적립 여부가 3.75점으로 나타났다.

그리고 안전과 가격을 비롯한 모든 평가항목이 3.0점 이상으로 조사되었는데, 이는 소비자가 항공사 선택 시 여러 가지 고려 요인을 비교하고 있다는 것을 뜻한다.

1. 안전도

항공기는 인간이 발명한 운송수단 중 가장 안전한 교통수단으로 알려져 있지만, 한번 사고가 날 경우 대형사고로 이어지는 만큼 항공사들은 안전운항에 많은 노력을 기울이고 있다. 독일의 유서 깊은 일간지 빌트지는 독일항공조사국JACDEC의 조사결과를 바탕으로 한 항공사의 안전도라는 기사에서 세계에서 가장 안전한 3개의 항공사는 캐세이패시픽항공cathay pacific airways, 에미레이트항공emirates airline, 에바항공evaair으로 평가되었다고 보도한 바 있다.

1972년부터 무사고 운항을 하고 있는 캐세이패시픽항공은 안전도와 더불어 세계최고수준의 서비스로 명성이 높으며, 에미레이트항공은 2017년 세계최고의 항공사, 퍼스트클래스 최우수 항공사 등의 상을 수상했으며 안전도 평가 역시 꾸준히 상위권에 랭크되고 있다.

주요 국제노선을 운항중인 항공사를 대상으로 실시한 이번 평가는 항공사 고로 인한 사망자의 수와 무사고 기간을 평가순위 산정의 기준으로 삼았다. 이번 조사결과를 발표한 독일의 항공 안전 관련 민간기구인 JACDEC는 지난 1992년부터 매년 항공안전도 순위를 발표하고 있으며, 이 결과는 유럽에서 가장 권위 있는 항공사 평가로 인식되어 항공업계를 비롯해 여행산업에도 큰 영향을 미치고 있다.

부모님이 오신다

명절때마다 먼 길을 마다 않으신다

그래도 늘 편안하다고 하신다

아시아나를 탔기 때문이다

ASIANA AIRLINES

아시아나항공 asiana airlines

항공사 선택시 승객들이 최우선적으로 고려하는 요인은 항공사의 안전이다. 항공운송의 경우, 사고발생시 타 교통수단과 비교할 수 없을 만큼 치명적인 결과를 초래하기 때문에 안전성이 더욱 중요시되고 강조되는 것이다. 안전성은 기술적인 원인이나 기상조건 등의 자연적인 원인에 의해 크게 좌우되기 때문에 항공운송 초기에는 안전성이 매우 낮았으나, 항공기 제작기술의 급격한 발달로 인하여 안전성이 크게 높아지게 되었다. 국제민간항공기구ICAO의 항공 안전사고 통계자료에 의하면 최근 10년간 평균 사고발생률은 1억 여객 마일에 대하여 0.07명으로 항공기는 현재까지 인류가 발명해낸 어떠한 교통수단보다 안전성이 월등하나, 사고 발생 시 탑승객 전원이 사망할 정도로 치명적인 악점을 가지고 있기도 하다. 안전과 편안한 서비스를 강조한 아시아나항공의 초기 광고는 매력적으로 고객들에게 어필되었다.

31

〈표 2-1〉 안전한 항공사 TOP 5

순 위	항 공 사
1	Cathay Pacific Airways
2	Emirates Airline
3	Evaair
4	Qatar Airways
5	Hainan Airlines

Source : 국제 항공사고조사국(JACDEC) report 2016.
(안전도 조사는 매년 진행하며 안전도 상위 항공사는 순위 큰 변동 없음)

2. 가격

항공사를 선택할 때 가격은 대다수의 항공여행객들이 중요하게 생각하고 있는 요인이다. 최근 저비용항공사의 발전이 두드러지는 가장 큰 이유는 저렴한 가격일 것이다. 동일한 목적지, 동일한 항공기 그리고 서비스면에서 별 차이를 느끼지 못하는 많은 승객들과 가격에 민감한 젊은 층에게는 항공요금이 가장 중요한 요소이다.

항공사의 촉진가격promotion price은 판매촉진의 일환으로서 항공사 상품의 양적 판매 증대를 위해 가격의 할인에 근거를 두고 있으며, 비슷한 말로 고객유인가격leader pricing이라고도 한다. 즉 항공사에서는 비수기에 한시적으로 상품의 가격을 내려 상품구매를 유도하기도 하며, 동일 목적지에서 경쟁 항공사와의 비교 우위를 점하기 위하여 가격을 내리기도 한다. 홍콩 캐세이패시픽항공의 비수기 홍콩 요금, 타이항공의 비수기 방콕요금 등이 좋은 예이다. 제주항공은 일본 노선 왕복항공권을 구입하면 동반 1인 티켓을 얹어주는 1+1 항공권을 판매하여 승객의 큰 호응을 받은 적이 있으며, 에어부산은 부산~마카오 노선 취항 기념으로 일정 기간 한시적으로 왕복에 반값 요금을 제시하여 양적 판매 증대를 꾀한 적이 있다.

We don't follow world standards. We set them.

캐세이패시픽항공 cathay pacific airways

고객들에게 가장 편하게 어필할 수 있는 마케팅전략이 가격전략이다. 항공요금이 10여 년 전과 같다고 하지만 고객들에겐 여전히 부담스러운 것이 현실이다. 항공사로서는 비수기 타개책으로 가장 선호하고 있는 전략 중 하나이며, 고객입장으로서는 부담스럽지 않은 가격으로 항공여행을 즐길 수 있는 전략이다.

33

하와이에 갈 경우 하와이안항공을 이용하면 하와이 내에선 왕복이 한 번 무료다. 섬과 섬 사이를 이동할 일이 잦은 하와이 여행객들을 위한 맞춤 서비스다.

이와는 다르게 대한항공, 에미레이트항공 같은 일부 대형 항공사에서는 프리미엄가격 및 차별화된 서비스를 내세워 고객을 유인하고 있다.

3. 서비스

이제 항공사들은 서비스로 경쟁한다. 경쟁항공사보다 편안한 좌석을 제공하고, 맛있는 기내식을 개발하고, 우아하고 세련된 서비스를 선보이는 것이 무엇보다 중요한 승부수가 된 것이다. 이러한 경쟁은 점점 치열해지고 있다.

승객들은 항공사 선택 시 국적기 여부, 가격, 안전 등의 요소를 중요하게 고려하지만 경제학에서 말하는 '보이지 않는 손'처럼 항공사의 서비스 역시 적지 않은 영향을 미친다. 소비자 입장에서는 이왕이면 서비스가 훌륭하고 이미지가 세련된 항공사를 선호하는 것이 당연하다.

중동이나 아시아 항공사들은 1등석 승객뿐 아니라 모든 승객의 편안함을 최우선으로 추구한다. 영국의 항공서비스 전문평가 기관인 스카이트랙스_skytrax_에서 선정한 다음의 Top 10 항공사들을 보면 기내 스파시설에서부터 화려한 식사와 잠옷에 이르기까지 수준 높은 서비스를 제공한다. 가히 최고 항공사에 걸맞은 최고의 시설과 서비스라 할 수 있다.

〈표 2-2〉 5 스타 항공사

순위	항공사	수상경력	편의시설
1	Qatar Airways	베스트 항공직원서비스상(중동부문) 수상(1위) 베스트 일반석항공사상 수상(2위)	카타르의 수도 도하doha에 위치한 프리미엄 청사에서는 마사지도 즐길 수 있으며 자쿠지시설도 이용할 수 있다. 기내화장실에도 창문이 있다.
1	Emirates	베스트 기내엔터테인먼트상 수상(1위) 퍼스트클래스 최우수 항공사(1위) 이코노미클래스 최우수 항공사(1위)	1등석에서 개인 샤워시설을 제공할 뿐만 아니라 승객의 목적지와 공항 간 개인기사가 있는 리무진 서비스도 제공한다.
1	Singapore Airlines	베스트 1등석항공사좌석상 수상(2위) 베스트 일반석기내식상 수상(1위)	세계최고의 서비스를 제공하는 아름다운 싱가포르항공 승무원의 극진한 서비스를 경험할 수 있다.
1	Cathay Pacific Airways	베스트 기내엔터테인먼트상 수상(2위) 베스트 2등석상 수상(2위)	1등석 승객은 기내에서 LCD평면TV를 경험할 수 있으며, Ermenegildo Zegna 가방을 선물로 받는다.
1	ANA All Nippon Airways	베스트 1등석기내식상 수상(3위) 베스트 1등석항공사상 수상(3위)	1등석 객실에는 승객전용 식탁과 개별 옷장 그리고 전용 침대를 갖추고 있다.
1	Etihad Airways	베스트 1등석상 수상(1위) 베스트 1등석기내식상 수상(1위)	일등석보다 높은 레지던스 좌석 운영, 모든 항공편에서 페라가모 여행 가방과 슬리퍼, 잠옷을 제공한다.
1	Eva Air	베스트 프리미엄일반석상 수상(1위) 베스트 일반석기내식상 수상(2위)	75인치의 침대형 좌석과 아르마니 향수에 최고급 코스요리(3~4코스)를 맛볼 수 있다.
1	Garuda Indonesia	베스트 기내엔터테인먼트상 수상(1위) 베스트 1등석상 수상(4위)	1등석에서 개인샤워시설을 제공할 뿐 아니라, 승객의 목적지와 공항 간 개인기사가 딸린 리무진 서비스를 제공한다.
1	Hinan Airlines	베스트 항공지상서비스상 수상(1위) 베스트 항공사상(아시아부문) 수상 (5위)	로얄1등석에는 180도 젖혀지는 리클라이너 침대와 함께 에비앙evian 미네랄 스프레이와 같은 고급 세면용품들이 겸비되어 있다.
1	Asiana Airlines	베스트 항공승무원상 수상(2위) 베스트 항공사상(아시아부문) 수상 (1위)	아시아나항공의 승무원들은 종이접기도 가르쳐주며, 미술공연, 바이올린연주, 통로를 런웨이 삼아 패션쇼도 진행한다.

Source : 스카이트랙스 발표 자료를 토대로 저자 재구성.

위의 항공서비스 만족도 최고 항공사들은 최근 5년간 각종 서비스평가 기관으로부터 최고의 상을 수여받았다. 스카이트랙스는 매년 전 세계 여행객을 대상으로 항공사에 대한 만족도 조사를 하고 있다. 항공사 서비스 만족도 조사 결과는 기관에 따라 다소의 차이는 있으나 상위 10여 항공사는 각 조사기관의 상위 순위에 랭크되어 있어 스카이트랙스의 조사결과와 큰 차이가 없는 것으로 나타났다.

조사항목은 항공사의 체크인 서비스, 공항 라운지, 탑승과 출발, 도착, 환승, 좌석, 청결, 기내식, 기내 오락 및 승무원 서비스 등이었다.

아래의 표는 영국에 본사를 두고 있는 스카이트랙스의 기내서비스 점수 평가표이다(1백점 만점 기준).

〈표 2-3〉 스카이트랙스 기내서비스 평가표(예)

항목	전체	Korean Air	Asiana Airlines	Japan Airlines	United Airlines	Cathay Pacific Airways	Thai Airways	Singapore Airlines	Air France	Delta Airlines	Lufthansa
기내식 신선도	65.8	67.9	72.4	68.4	51.6	67.3	61.5	79.0	62.8	57.0	64.8
기내식 맛	61.9	63.7	69.4	67.3	47.5	62.9	58.3	72.9	58.1	54.8	58.0
기내식 메뉴	58.8	55.2	61.7	64.7	44.2	59.2	56.4	67.6	59.9	52.5	57.4
승무원의 친절도	65.1	59.3	74.3	72.7	51.2	71.3	68.7	82.2	61.6	57.5	66.5
기내 쾌적함	61.7	57.5	59.9	69.1	55.7	66.3	61.7	76.6	58.1	55.7	61.4
화장실 청결도	61.2	56.7	65.0	70.1	61.0	66.5	61.5	73.1	50.7	57.5	63.4
공기 청결도	62.3	59.3	66.4	64.8	57.1	63.0	63.1	73.4	61.9	67.9	60.8
온도	64.3	63.5	66.4	67.1	50.4	55.5	61.3	73.9	64.3	68.1	62.5
밝기	66.0	65.3	58.1	70.8	62.9	65.3	63.9	71.1	54.9	70.7	64.2
출발·도착시간	61.3	58.3	65.3	69.6	52.5	67.8	56.2	72.3	58.7	59.7	65.9
면세품구입	54.4	53.4	58.7	59.8	48.3	61.1	55.2	61.1	54.5	49.2	53.3
비디오 설치	59.4	56.1	60.9	58.5	53.8	62.8	60.7	72.1	61.3	61.1	59.2
AV프로그램	58.1	55.9	58.5	60.7	50.0	63.0	59.7	70.2	60.9	57.1	58.9
좌석·담요 청결도	64.1	64.1	68.6	70.7	53.0	64.4	63.8	74.1	64.0	61.6	66.3
좌석의 편안함	49.8	43.3	53.0	55.1	46.7	57.5	55.2	63.8	52.3	49.1	56.8
공간의 여유	46.1	37.4	48.0	53.2	42.2	51.3	49.6	55.7	51.2	48.2	51.0
정보제공(안내방송)	60.1	60.5	62.4	65.1	50.4	63.9	57.5	71.2	57.6	54.8	62.2
예약의 편의성	63.7	64.5	64.2	67.8	57.3	64.9	59.4	71.5	62.8	68.1	67.3
전반적인 만족도	59.4	57.2	65.3	65.9	47.9	63.4	55.8	75.8	58.4	54.8	62.5
전체순위								1			

경쟁이 치열한 항공서비스산업에서의 기내서비스 차별화는 항공사들의 지상과제가 되고 있다. 항공사 승무원들은 1만m 상공에서 마술쇼를 펼치기도 하고 승객의 깜짝 생일파티나 결혼기념식도 열어 준다. 이처럼 지상에서의 즐거움을 하늘에서도 느낄 수 있게 하는 파티나 이벤트는 물론 맞춤형 서비스도 속속 등장하고 있다. 또, 부모 없이 혼자 비행하는 어린이들을 승무원이 꼼꼼히 돌봐주는 '플라잉맘 서비스', 비행이 곧 업무의 연장인 비즈니스맨들을 위한 기내 무선 인터넷 서비스, 승무원과 함께하는 가위바위보 게임이나 기내 패션쇼 등 다채로운 기내서비스를 선보이고 있다.

이처럼 항공사들의 서비스가 점차 다양해지고 있는 이유는 항공사 간의 경쟁이 더욱 치열해지고 있기 때문이다.

● 가루다인도네시아항공 – 해외여행객을 위한 기내 입국서비스 IOB : immigration on board

인도네시아 국영항공사인 가루다 인도네시아항공은 해외여행객들이 까다로운 입국심사로 인한 불편함을 해소하기 위해 국내 최초로 기내 입국서비스 IOB : immigration on board를 도입하였다. IOB는 기내에 인도네시아 법무부 직원이 동승해 방문객들의 입국에 필요한 모든 수속을 미리 마무리해 주는 것으로, 현지 도착 후에 비자 발급이나 여권 확인 없이 단시간 내에 입국이 가능하도록 한 서비스다. 기내입국서비스를 마치고 입국수속을 끝마쳤다는 의미의 Immigration Clearance Card를 제출하면 입국심사대를 바로 통과할 수 있도록 한 간편한 서비스이다.

● 기내 와이파이 서비스

기내 무선 인터넷 서비스는 기내에서도 업무를 계속해야 하는 승객들에게 큰 인기를 끌고 있다. 대한항공과 아시아나항공뿐만 아니라 많은 외국항공사도 기내 인터넷 서비스를 제공하고 있다. 에미레이트항공은 서울~두바이 구간

뿐만 아니라 전 노선에서 무선 인터넷 서비스를 제공한다. 구름 속에서도 e-메일이 가능하고 인터넷 접속도 된다. 카타르항공, 델타항공 등의 메이저항공사들 역시 기내에서 무선 인터넷 서비스를 제공한다.

● 싱가포르항공

싱가포르항공은 개별화 서비스의 대표적인 사례로 꼽힌다. 싱가포르항공은 다소 높은 가격으로 개별화된 서비스를 제공한다. 승객의 취향에 맞는 서비스, 직원에게 권한부여 등 고품위 서비스를 제공하는 개별화전략을 제공하는 것이다. 이런 개별화 전략은 고객의 다양한 욕구에 상응하는 Tailored Service에 적합한 서비스 프로세스이다. 싱가포르항공은 싱가포르 걸singapore girl로 상징되는 승무원의 서비스가 유명하지만, 기내에서 사용하는 독특한 향기, 좌석의 품질, 승무원의 유니폼 등도 싱가포르항공의 체험 아이덴티티를 형성하는데 큰 역할을 한다.

● 대한항공 - 플라잉맘, 패밀리 서비스

대한항공은 홀로 여행하는 어린이를 출발부터 도착까지 챙겨주는 플라잉맘flying mom 서비스를 제공하고 있다. 플라잉맘 서비스는 기내 담당 승무원이 만 5~13세 미만 어린이 승객의 음료, 수면, 건강 상태 등 기내 생활을 모두 돌봐준 뒤 보호자에게 인도하는 서비스이다. 많은 부모가 홀로 항공 여행을 하는 어린이들을 걱정한다는 점에 착안한 서비스다. 아이를 보살핀 승무원이 보호자에게 편지를 써주는 등 고객 감동을 실현해 기내서비스 부문의 오스카상으로 불리는 머큐리상mercury prize을 수상하기도 했다.

대한항공은 또한 7세 미만 어린이를 둘 이상 동반한 여성 승객과 70세 이상 승객 등을 대상으로 한 가족 서비스를 제공한다. 한 가족 서비스는 출발부터 항공사 직원들의 안내를 받고 도착하면 직원이 입국신고서와 세관신고서 등을 대신 작성해 주는 서비스이다.

● 아시아나항공 – 패밀리서비스

아시아나항공의 패밀리 서비스family services 역시 대한항공의 한가족 서비스와 같이 입국심사까지 직원들이 동행한다. 이러한 패밀리서비스는 비행기 티켓을 구입할 때 미리 신청하면 누구든 제공받을 수 있다.

한국에 취항중인 에미레이트항공 역시 인천~두바이 구간 탑승객에게 유모차를 대여하고 기내에서는 아기 요람을 설치해 준다. 몸무게 11kg 미만, 키 70cm 미만인 유아 동반 승객이 편리하게 비행할 수 있도록 돕는 서비스다.

● 특별 이벤트

아시아나항공은 미주와 유럽, 오세아니아주 등 9시간 이상 장거리 비행 노선과 신혼부부 등을 위한 사이판·푸켓 등의 구간을 중심으로 기내 마술쇼를 열고, 승무원들이 각국 전통의상을 입고 서비스를 제공한다. 또한 장거리 노선 이용객 등을 대상으로 마스크 팩을 제공하고 네일 케어와 메이크업을 해 주는 서비스도 시행하고 있다.

제주항공은 마술쇼는 물론 어린이 승객에게 풍선으로 강아지·꽃·칼 등 다양한 장난감을 만들어 준다. 승무원과 함께하는 가위바위보 게임도 흥미진진하다. 모든 승객을 대상으로 가위바위보를 해 최종 승자에겐 선물도 준다. 에미레이트항공은 퍼스트 클래스 승객들을 위해 기내 스파 시설과 전신 거울, 침실 등을 준비하고 있고 퍼스트 클래스와 비즈니스 클래스 승객들을 대상으로 와인과 위스키, 간단한 칵테일을 즐길 수 있는 바도 마련했다.

사우스웨스트항공은 특별한 날에 맞춰 승무원들이 바니걸 복장, 할로윈 파티 복장으로 고객들에게 웃음을 주기도 한다. 또 항공기 내의 금연 문구에 "손님께서 담배를 피우고 싶다면 날개 위에 마련된 특별석으로 자리를 옮겨 저희가 특별히 준비한 〈바람과 함께 사라지다〉를 즐기시기 바랍니다."와 같은 유머를 승객에게 제공하기도 한다. 이러한 역발상 경영은 종종 펀fun 경영의 사례로 등장하기도 한다. 사우스웨스트항공은 1973년 창립 이래 지속적으로 흑자경영을 하는 항공사이다.

4. 이미지

항공사의 이미지는 승객들이 항공사를 선택할 때 경제학에서 말하는 '보이지 않는 손'처럼 적지 않은 영향을 미친다. 승객은 보다 서비스가 훌륭하고 이미지가 세련된 항공사를 선택한다. 광고 이미지는 물론이고, 유니폼 디자인, 식기 디자인, 항공사 로고 등은 무의식중에 소비자의 뇌리에 남아 선택의 순간에 영향을 미치고 있다. 그렇기 때문에 항공사들은 자사의 이미지를 위하여 승객이 접하고 느끼는 모든 분야에 디자인적인 요소를 가미하여 이미지를 향상 시키고 있다.

항공서비스산업은 거의 모든 종류의 디자인을 볼 수 있는 곳이다. 항공기 동체, 로고, 탑승권, 수하물표, 유니폼, 식기, 조명, 광고 등에서 항공사의 디자인을 볼 수 있다. 항공기는 승객에게 안락함과 좋은 이미지를 심어주어야 하는 공간인 만큼 당대 최고의 디자이너, 건축가와 협업하는 사례도 많으며 그 역사도 길다. 1920~1930년대는 상업적 비행이 막 시작되는 때였는데 자사의 로고와 광고 포스터를 사람들에게 확실하게 각인시키기 위해 각 항공사는 당대 최고의 산업디자이너에게 로고 디자인을 맡겼다.

항공산업이 점차 성장하면서 항공사 이미지를 대표적으로 표현하는 승무원 유니폼으로까지 디자인의 중요성이 확대되었다. 크리스찬 라크르와christian lacroix는 에어프랑스, 이브 생 로랑yves saint laurent은 호주의 콴타스항공, 지안프랑코 페레gianfranco ferre는 대한항공의 유니폼을 디자인했다.

● 핀란드항공

핀란드항공finnair의 기내에서 승객에게 제공되는 담요와 쿠션, 식기 등은 핀란드 디자인용품 업체 마리메코가 디자인한 제품이다. 핀에어는 마리메코의 상징적인 꽃문양을 항공기 동체 외부에 그려 넣은 항공기를 선보이기도 했다. 핀란드항공의 서비스에는 스칸디나비안 특유의 디자인적 요소가 많이 가미됐다. 요즘 소비자들은 항공사를 선택할 때 가격만 따지지 않는다. 디자인도 항공사를 선택하는 이유가 될 수 있는 것이다. 승객들이 공항 라운지뿐 아니라 기내에서도 핀에어 고유의 디자인을 느끼고 다시 찾게 하려는 핀란드항공의 디자인 마케팅은 타 항공사의 벤치마킹 대상이 되고 있다.

1) 대한항공

로고 대한항공의 로고를 보면 태극 문양이 떠오른다. 이 문양은 우리에게 자긍심을 안겨준다. 대한항공의 로고는 적색과 청색 사이의 흰색 무늬를 가미하여 프로펠러의 회전 이미지를 형상화한 것으로 무한한 창공에 도전하는 대한민국 항공사를 상징하는 것이다.

2005년, 이탈리아의 세계적 디자이너 지안프랑코 페레gianfranco ferre가 디자인한 유니폼을 선보이면서 대한항공은 디자인을 통한 명품 이미지 확립에 박차를 가하고 있다. 항공기 시트 색상 변경, 기내 인테리어 개선, 새로운 비즈니스 석 출시, 세련되고 고급스러운 지면·영상 광고 등 거의 모든 영역에 혁신적 '디자인'을 가미하고 있다.

유니폼 조르지오 아르마니giorgio armani, 지아니 베르사체gianni versace와 함께 이탈리아 3대 패션 거장으로 불리는 지안프랑코 페레가 디자인한 유니폼은 대한항공의 아이콘이 되었다. 잠자리 날개처럼 투명해 보이면서도 풀을 먹인 것처럼 꼿꼿한 스카프, 신체의 아름다움을 더욱 돋보이게 하는 상하의, 독특한 모양의 머리핀은 승무원 한 명 한 명을 대한항공의 모델로 만들었다. 흰색과 함께 블라우스 색상으로 채택한 청자색은 고려청자에서, 빳빳하게 선 헤어 장식은 비녀에서 영감을 받은 것으로 우리 고유의 전통적 아름다움을 세련된 감각으로 녹여낸 것이다.

korean air

41

2) 아시아나항공

로고 아시아나항공은 2006년 붉은 화살표가 비상하는 느낌의 새로운 CI를 선보이면서 동체 디자인도 바꾸었다. 바탕에는 흰색에 가까운 쿨 그레이cool gray, 꼬리에는 색동의 컬러를 입혔다. 예전보다 선과 선, 색과 색의 교차가 세련돼 색색의 천이 나부끼는 듯한 모습이다. 퍼스트 클래스 라운지에도 변화를 주어 미술관을 컨셉트로 유럽풍의 중후한 분위기를 가미했다.

유니폼 아시아나항공의 상징처럼 느껴지는 유니폼은 지난 2003년 디자이너 진태옥이 디자인한 작품이다. 회색과 브라운 컬러를 기본 색으로 삼고 색동 무늬로 포인트를 주었다. 편안하고 안락한 소재를 사용하여 보디라인을 자연스럽게 강조하는 한편 실용성에도 신경을 썼다.

asiana airlines

3) 에어프랑스

로고 2009년 에어프랑스는 창립 75주년을 맞아 로고 디자인을 변경했다. 세계적 디자인 회사인 '브랜드이미지brandimage'가 교체 작업을 맡았다. 군청색과 흰색을 메인으로 하고, 붉은색으로 포인트를 주었는데 유니폼과도 잘 어울린다. 탁월함excellence, 인간적인 감동the human touch, 여행의 예술화the art of travel 등 총 3가지의 가치를 극대화했다.

AIRFRANCE

에어프랑스에서 만드는 모든 비주얼은 예술품을 연상시킬 만큼 우아하다. TV 광고는 물론이고, 새로운 서비스나 기기 론칭을 알리는 브로셔까지 고객들의 지지를 이끌어 내고 있다. 이왕 만들 거라면 극도로 아름다워야 한다는 것이 프랑스 사람들의 생각이다. 항공기에서도 에어프랑스의 디자인 역시 탁월하다.

유니폼 항공기 유니폼을 제작하며 오트 쿠튀르haute couture 디자이너를 찾는 나라는 아마 프랑스밖에 없을 것이다. 지난 2005년 4월 선보인 에어프랑스의 새 유니폼은 귀족적이고 화려한 디자인으로 유명한 크리스찬 라크르와christian lacroix의 작품이다. 크리스찬 라크르와는 1967년 패션 오스카상, 1986년과 1988년 오트 쿠튀르 황금골무상을 수상한 프랑스 패션계의 거장이다. 우아한 재단으로 유명한 그는 유니폼에서도 제대로 실력 발휘를 했다. 네이비블루가 기본 색인 간결한 라인의 원피스에 새빨간 허리 리본을 매치했는데 리본의 너비가 넓고 붉은 색상도 선연해 첫눈에 시선을 사로잡는다. 완결미 넘치는 이러한 디자인의 의상과 아이템이 100여 점에 이른다.

air france

4) 에미레이트항공

로고 에미레이트항공의 로고는 무척 강렬하다. 영어와 아랍어가 병기된 로고는 한 번 보면 잊혀지지 않는다. 1999년에는 로고에 약간 변화를 주었다. 아랍어보다 영어 표기를 크게 해 '세계 속의 항공사'임을 강조했다. 최근 에어버스 A380을 도입한 뒤로는 동체 바닥에 로고를 새겨 비행시 노출 효과를 높였다.

1985년 첫 취항한 에미레이트항공의 디자인 전략은 신선하기로 유명하다. 이와 같은 마케팅 덕분에 에미레이트항공은 설립 이래 매년 20% 이상의 성장률을 기록하고 있다.

emirates

유니폼 한 번 보면 잊혀지지 않는 강렬한 디자인이 에미레이트항공의 유니폼이다. 붉은 색 모자는 뜨거운 태양의 열기를 상징하며 모자 한쪽 밑의 베이지색 가두리 장식은 모래 언덕을 지나는 사막의 바람을 형상화했다. 2008년 A380을 처음 운항하면서부터 에미레이트항공은 전략적으로 유니폼 디자인에 변화를 주었다. 영국의 유명한 유니폼 업체인 사이먼 저지simon jersey plc에서 디자인한 것으로 스커트의 경우 통을 좀 더 좁히고 주름을 넣어 세련미를 더했고, 흰색 블라우스에도 붉은색 줄무늬를 추가했다. 유니폼의 전체적 디자인 컨셉트는 태양과 사막 바람이 공존하는 두바이를 보여주는 것이라고 한다.

5) 싱가포르항공

로고 싱가포르항공은 새 모양의 로고를 항상 오른쪽에 배치한다. 어떤 장애물도 쾌적하고 안전한 비행을 가로막을 수 없다는 뜻에서다. 커다란 날개의 노란색 새는 싱가포르항공의 상징처럼 인식된다.

singapore airlines

유니폼 한 번 보면 잊히지 않는 독특한 문양의 유니폼은 싱가포르항공 디자인을 이야기할 때 빠지지 않는다. 세계적인 패션디자이너 피에르 발망pierre balmain의 작품으로 사롱 케바야sarong kevaya라 불리는 전통 의상을 현란하면서도 개성적인 디자인으로 재해석했다. 본차이나 식기와 크리스털 식기 등은 프랑스의 패션하우스 지방시givenchy의 작품이다. 싱가포르항공은 업계 최초로 A380을 선보여 화제가 됐는데 12개뿐인 최고급 스위트 좌석은 프랑스의 유명 프리미엄 요트 디자이너 장 자크 코스트jean-jacques coste가 디자인한 것으로 유명하다.

5. 최신 비행기

우리 항공사는 타 항공사보다 안전하다는 광고를 승객에게 어떻게 효과적으로 전달할 수가 있을까?

직접 안전성을 선전하는 것은 매우 비효율적이다. 즉 세계에서 가장 안전한 항공사란 존재하지 않으므로 항공사는 최신 항공기를 갖추고 있다는 것을 승객들의 뇌리에 심어주어 기술과 안전성 그리고 신뢰성의 이미지를 높이는 전략이 더 효율적이다. 카타르항공, 싱가포르항공 등 세계 유수의 항공사들은 보다 현대적이고 젊은 기령의 항공기를 보유하고 있다. 싱가포르항공 등은 항공기령이 약 10년이 지나면 항공기를 매각한다. 새로운 항공기는 승객들의 신뢰성과 이미지를 개선시킬 수 있으며, 항공사는 첨단기술이 적용된 항공기를 보다 경제적으로 운영할 수 있다는 장점이 있다.

〈표 2-4〉 주요 항공사 보유 항공기의 평균기령

항공회사	항공기령(년)
Qatar Airways	4.9
Singapore Airlines	6.5
Emirates	6.5
Air France	9.1
Asiana Airlines	9.5
Korean Air	9.72
Cathay Pacific Airways	10.6
All Nippon Airways	10.8
Thai Airways	12.1
Lufthansa	12.8
Delta Airlines	15.8
United Airlines	19.5

주) 2017 10월 기준이며 조사 시점에 따라 평균기령 변동됨

캐세이패시픽항공 cathay pacific airways

최신예 최첨단 항공기는 구형 항공기보다 안락하고 더욱 안전할 것이라는 고객들의 생
각에 어필하고 있다. 항공기의 수명은 항공기 제조회사마다 차이가 있지만, 보잉boeing
사를 예로 보면 3만회의 이착륙이나 11만 5천 시간의 비행시간으로 설정해 놓고 있다.
따라서 비행시간으로는 약 32년 정도이다. 하지만 항공사는 이러한 물리적인 부분보다
는 운영 항공기의 노후화에 따른 채산성의 악화, 경쟁항공사의 신기종 도입, 항공수요증
가 등으로 인한 경쟁력 유지를 위하여 노후 항공기를 최신 항공기로 교체하고 있다.

6. 기내식

기내식에 따라 항공사를 선택하는 승객도 적지 않기 때문에 항공사는 새로운 메뉴를 개발하기 위한 많은 노력을 하고 있다. 대한항공과 아시아나항공은 지난 몇 년간 다양한 한식 메뉴를 내놓았다. 베스트셀러인 비빔밥 외에 비빔국수, 곤드레나물밥, 낙지볶음에 궁중정찬, 한정식 코스요리까지 더해졌다. 기내식이 진화하고 있는 것이다.

비단 국내 항공사와 한식 메뉴에만 국한된 얘기가 아니다. 세계 유명 항공사들은 다양한 국적의 요리사들로 구성된 자문단을 운용하며 전 세계 승객들의 입맛을 맞추기 위해 노력하고 있다. 종교와 풍습, 알레르기 여부에 따라 못 먹는 음식이 있는 고객들을 위한 맞춤 서비스는 이제는 특별한 서비스가 아니다.

단거리 노선에서부터 장거리 노선에 이르기까지 기내식 서비스는 항공사의 서비스를 한눈에 보여주는 얼굴이 되었다. 기내식 외에 다른 음식을 선택할 여지가 없는 승객들에게는 기내식의 만족 여부에 따라 항공사 전체에 대한 이미지가 좌우되는 것이다. 대한항공의 비빔밥의 경우, 국내로 입국하는 상당수의 교포들이 기내식으로 비빔밥을 먹기 위해 대한항공을 선택하는 주요 요인이 되기도 했다.

이처럼 기내식 서비스는 여행에서 빠질 수 없는 즐거움 중 하나로 고객 유치에까지 영향을 미치고 있을 뿐만 아니라, 항공사의 서비스를 평가하는 중요한 요소가 되기 때문에 항공사들은 고객들에게 자신들만의 차별화된 서비스를 제공하기 위해 다양하고 맛있는 기내식 개발을 위해 노력하고 있다.

대한항공은 와인 서비스 품질 향상을 위해 해외 와인 산지의 회사로부터 직접 수입하는 것을 원칙으로 한다. 또한 막걸리를 발효시켜 만든 일명 술빵(막걸리빵)을 꿀과 함께 간식 또는 식전 빵으로 내놓아 승객들이 옛 추억을 떠올릴 수 있게 했다.

아시아나항공은 2009년부터 와인뿐 아니라 전통 발효주인 막걸리를 한국~

일본 전 노선에서 서비스하고 있다.

에미레이트항공은 디저트로 아라빅 커피를 제공한다. 싱가포르항공은 브라질과 케냐, 자메이카, 콜롬비아산 원두를 두루 갖춰 고객들이 기호에 맞는 커피를 고를 수 있게 했다.

예쁜 그릇에 담긴 음식이 더 맛있어 보이는 만큼 항공사들은 식기 선택에도 신중을 기하고 있다. 싱가포르항공은 비즈니스석과 일등석에서 패션 브랜드 지방시가 디자인한 본차이나를 식기로 사용한다. 에미레이트항공은 모든 기내식을 순백의 로열 달튼royal doulton 본차이나와 로벌트 웰시robert welsh 식기에 담아 제공한다. 대한항공은 우리나라 천연기념물인 미선나무 문양이 들어간 식기를 특별히 제작해 일등석용으로 사용하고 있다.

● 대한항공

98년 대한항공이 선보인 비빔밥은 외국인에게도 큰 인기를 끌며 대한항공 중장거리 국제선 승객의 60%가 찾는 유명 요리가 되었다.

비빔밥은 세계 기내식 어워드인 머큐리 대상을 탔다. 한식 열풍으로 해외 항공사들이 잇따라 기내식을 한식으로 내놓아 현재는 총 10여 해외 항공사에서 비빔밥을 기내식으로 제공한다. 대한항공은 비빔밥의 인기에 힘입어 한식 메뉴를 꾸준히 개발해 비빔국수와 가정식 백반을 비롯해 불갈비, 냉면, 수정과도 내놓고 있다. 설에는 만둣국을, 복날 전후에는 삼계탕을 내기도 한다. 최근에는 일부노선에 막걸리를 제공하기도 한다.

● 아시아나항공

아시아나항공은 메뉴개발실을 통해 새로운 메뉴를 만들어내고 있다. 한식은 궁중음식연구원으로부터 자문을 받아 궁중정찬이라는 전통 한식을 서비스하고 있다. 최근엔 영양쌈밥을 내놓아 인기를 끌고 있다. 불고기를 10여 종의 신선한 야채와 함께 구성한 메뉴이다. 24개월 이상 13세 미만의 어린이들을 위한 차일드 밀을 새롭게 단장해 떡볶이, 핫도그, 치킨너겟 등을 서비스하고 있다. 최근에는 기내식 메뉴에 김치찌개를 도입했다. 김치찌개는 일등석 고객에 한해 24시간 전 사전주문 형식으로 제공된다.

● 싱가포르항공

기내식의 맛과 멋을 아주 중요하게 생각하는 싱가포르항공은 전 세계적으로 실력을 인정받은 셰프들로 자문단을 구성하고 있다. 미슐랭 스타 요리사 조지 블랑george blanc과 영국 유명 요리사 고든 램지gordon ramsay도 속해 있다. 일등석 승객은 최고급 기내식을 먹을 수 있다. 대표 메뉴로는 캐비아와 칠리크랩 등이 있다. 항공료에 포함된 기내식 가격은 일반 레스토랑 코스 요리보다 2배 가량 비싸다.

● 유나이티드항공

유나이티드항공의 기내식은 미국의 유명 셰프인 찰리 트로터charlie trotter가 책임지는데 3개월마다 새로운 메뉴를 선보인다. 기내식은 총 5개의 코스로 구성되는데, 모두 미국 음식 문화를 골고루 경험할 수 있다. 최근에는 코코넛을 입힌 새우와 게살 케이크, 홀란다이즈 로스트, 토마토소스를 곁들인 필레 미뇽, 블루베리 소스를 곁들인 닭가슴살 오븐 구이를 선보이고 있다. 코스 요리를 다 먹으면 스타벅스starbucks 커피를 제공한다.

● 에미레이트항공

에미레이트항공은 목적지마다 현지 고객을 배려하는 기내식을 준비한다. 최근 한국인 탑승객을 위해 한국 노선에는 한식을 따로 마련했다. 된장국이나 미역국을 기본으로 하며 인삼을 곁들인 소고기 안심, 산적 등 손이 많이 가는 한식도 맛볼 수 있다. 이른 아침에는 소화가 잘 되는 전복죽을 제공한다.

에미레이트항공은 이슬람 문화를 반영해 돼지고기 요리는 내놓지 않지만 어린 양고기 요리나 대추야자 같은 아랍 전통 음식을 기내식 메뉴에 포함시키고 있다.

● 캐세이패시픽항공

홍콩에 기반을 둔 캐세이패시픽항공은 중국 요리가 유명하다. 2001년부터 홍콩 내 유명 중식당 요리를 기내식으로 제공하는 하늘에서 즐기는 최상의 중국요리 서비스를 실시해 호평을 받고 있다. 비즈니스 클래스 이상의 고객은 중국 요리를 코스로 맛볼 수 있다. 승무원이 밥, 토스트, 계란을 즉석에서 요리할 수 있도록 최초로 전기밥솥과 프라이팬을 기내에 비치하기도 했다.

터키항공 turkish airlines

동일한 항공기, 비슷한 기내서비스, 비슷한 기내물품 등 항공사가 제공하는 유, 무형의 서비스
는 대동소이하다. 항공사 선택 시 기내식에 대한 응답률이 점차 증가하는 것을 보면 기내식
차별화가 매우 중요하게 고객에게 어필하고 있음을 알 수 있다. 대한항공은 기내에서 비빔밥
을 세계 최초로 제공해 최고의 기내식 수상을 받은 바 있다. 싱가포르항공은 이코노미 클래스
기내식 단가를 높여 승객들에게 좋은 평가를 받고 있다. 터키항공은 서울~이스탄불 구간 비
즈니스 클래스에 요리사가 직접 탑승하여 최상의 재료로 만든 기내식을 제공하는 플라잉 셰프
flying chef 서비스를 시작했다.

51

7. 항공사 마일리지 프로그램

항공사 선택요인 중 마일리지 적립여부는 5점 만점의 3.75점을 나타냈다. 가격, 안전성 등과 함께 항공여행객들이 항공사 선택 시 매우 중요히 생각하는 고려 기준이다.

마일리지라는 용어는 항공사에서 파생된 것이다. 마일리지 프로그램이란 승객이 여행한 거리mile에 따라 일정한 점수point를 주어 나중에 상품을 준다는 의미로 항공사에서는 이런 서비스를 상용고객 우대프로그램frequent flyer programs이라고 부른다.

마일리지 프로그램의 의미는 사용실적에 따른 보상프로그램이라 할 수 있다.

1) 마일리지제도의 역사

1981년 미국 아메리칸항공에서 처음 도입하였으며 슈퍼마켓에서 단골손님들에게 물건을 구입할 때마다 도장을 찍어주고 그 도장수에 따라 선물을 지급하는 것을 보고 힌트를 얻었다. 또한 당시 미국정부에서 항공기 요금 규정을 완화하면서부터 항공사간 더 많은 손님을 유치하기 위한 경쟁이 매우 치열하게 나타났다. 그리고 컴퓨터 보급이 활발해 지면서 마일리지 프로그램의 정착이 가속화되기 시작했다.

이후 델타항공, 유나이티드항공 등 미국의 다른 항공사들도 뒤이어 모두 이 제도를 도입했다.

우리나라는 대한항공이 1984년에 처음 도입하였으며 지금은 세계의 거의 모든 항공사가 마일리지 프로그램을 사용하고 있다.

2) 마일리지 제도의 성격

마일리지 제도는 회원의 입장에서는 '보너스의 수혜'를 받을 수 있고, 항공사의 입장에서는 고정승객의 확보와 승객 이용도를 높이기 위한 판매촉진의 수단으로써 회원과 항공사가 모두 이익을 얻는 제도이다. 즉, 회원은 항공편 탑승거리에 따른 마일리지를 적립하여 항공기 여유좌석을 이용하는 무상항공권과 좌석승급 등의 보너스 혜택을 받고, 항공사는 자사 항공편 이용에 대한 사은으로 항공기의 여유좌석을 보너스로 제공함으로써 고정승객확보를 할 수 있어 서로 이익을 얻게 된다.

3) 마일리지 제공과 경제적 대가관계

마일리지 제도는 고정승객의 확보와 승객의 이용도를 높이기 위하여 상시적으로 특정 항공사의 항공기를 이용하는 회원에게 보너스 혜택을 부여하는 상용승객 우대제도이다. 이는 상용승객이 항공운임을 지불하고 항공기에 탑승하는 경우에 항공사가 회원에게 무상으로 마일리지보너스를 제공하는 것이므로 항공사와 회원 간에 아무런 경제적 대가관계가 없는 무상의 보너스 제공 프로그램이다.

4) 보너스 이용

보너스 이용 시 서비스 내용의 변경가능성을 항상 염두에 두고 적립 마일리지의 사용계획을 세우는 것이 바람직하다. 보너스를 이용할 수 있는 정도의 마일리지가 쌓이게 되면 그때그때 소진하여 마일리지 혜택을 최대한 현실화하는 것이 회원의 이익에 가장 부합할 것이다. 대한항공은 마일리지 유효기간이 10년이며 거의 모든 항공사가 유효기간을 두고 있다.

무상 보너스 제공이라는 마일리지 제도의 특성상 축적된 마일리지를 이용하여 무료항공권을 제공받거나 좌석승급 등을 받고자 하는 경우에는 정상적으로 구입한 일반항공권에 비해 예약좌석 수가 한정되어 있고 이용기간에 제한이 있는 등 여러 가지 제약이 있다. 그러므로 보너스 항공권은 되도록 좌석여유가 많은 비수기에 사용하는 것이 편리하다.

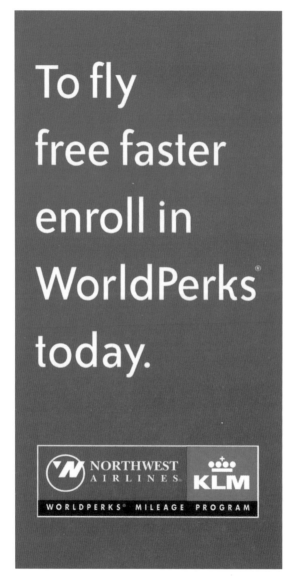

노스웨스트항공 northwest airlines

항공사 선택 요인 조사에 의하면 마일리지 적립 여부 역시 상위요인
으로 나타나고 있다. 필자 역시 항공사 선택 시 마일리지 적립여부
를 해당 항공사에 문의하고 있다. 필자가 다년간 근무하였던 노스웨
스트항공은 지난 2010년 1월 델타항공에 인수 합병되었다.

제2절 항공상품의 가격에 영향을 미치는 요소

모든 산업에는 상품이 존재한다. 항공서비스산업에서의 상품은 항공기 운항으로 발생되는 좌석이다. 항공여행전문가는 여행객의 여행 동기, 욕구, 기대 등을 조사한 후 그에 부합하는 항공상품을 판매한다.

항공기 좌석 등급은 일등석, 비즈니스석, 이코노미석 세 가지로 분류한다. 하지만 일정변경여부, 환불가능여부, 좌석승급여부, 마일리지 적립여부 등에 따라 국제선 항공기 한 편당 20개 이상의 좌석클래스로 나누어지고 있다. 대한항공의 경우 이코노미석은 15단계, 비즈니스석은 6단계, 일등석은 4단계로 나누고 있다. 즉 같은 등급 좌석이라도 예약 클래스에 따라 옆 좌석의 승객과 항공기 요금이 다를 수 있다.

모든 여행객과 그에 맞는 항공상품을 가격측면에서 일치시킨다고 하는 것은 어렵다. 서울에서 도쿄까지 서로 다른 199개 유형의 항공요금이 있을 수 있다. 더 이상 항공요금이 여행거리에 따라 단일하게 결정되지 않는 것이다. 대신에 여행의 유형, 비행편의 형태, 서비스 유형, 제한적 요금, 경쟁항공사 등이 항공요금 책정에 영향을 미치고 있다.

1. 여행의 유형

1) 편도여행 one-way journey

편도여행은 예를 들면 서울에서 뉴욕까지, 서울에서 부산까지 등 출발 도시에서 시작해서 목적지에서 끝난다. 그리고 서울에서 도쿄 경유 LA까지 등 하나 이상의 항공로로 구성될 수 있다.

2) 왕복여행 round trip

왕복여행은 출발지에서 목적지에 갔다가 다시 원래 출발했던 곳으로 돌아오는 여행이다. 그 노선은 양방향이 모두 동일해야 한다. 이런 유형의 여행은 서울에서 부산, 다시 서울로 돌아오는 식이다.

3) 순환여행 circle trip

순환여행은 왕복여행과 비슷하다. 그러나 다음과 같은 뚜렷한 차이가 난다. 출발시와 귀향시의 노선이 다르다는 것이다. 서비스 등급이나 노선에서 다를 수 있다. 서울에서 도쿄 경유로 괌까지 가서, 돌아올 때 괌에서 서울까지 논스톱으로 온다는 식이다. 서비스등급의 경우, 예를 들면 서울에서 도쿄 경유 괌까지는 퍼스트 클래스이고 돌아올 때는 이코노미 클래스와 같은 경우이다.

4) 오픈쟈여행 open-jaw trip

실질적으로 왕복여행과 비슷한 것으로 왕복여행 시에 출발지와 도착지가 상이한 여행을 뜻한다. 예컨대 서울을 출발하여 도쿄를 돌아서 서울에 도착하는 왕복여행 시에, 서울을 출발하여 도쿄 경유~부산에 도착하는 경우와 부산에서 출발하여 도쿄 경유~서울로 도착하는 경우 등 출발지와 도착지가 상이한 항공여행을 뜻한다.

2. 비행편의 형태

① 논스톱편 : 항공노선이 도중하차 없이 이루어지는 서비스이다.
② 직행편 : 항공노선이 직접 또는 직행인 운항서비스이다. 도중에 한번 또는 그 이상의 중간기착이 있으나 승객은 동일한 비행기에 탑승한 채 내리지 않는다.
③ 연결편 : 연결편은 온라인 연결로 승객은 비행기를 바꾸어 타지만 동일항공사의 비행기를 계속 이용한다. 항공사는 정비 문제 및 항공기 좌석 수 등을 포함하여 많은 이유 때문에 비행기를 바꿀 수 있다. 노선 간 연결로

승객은 항공기와 항공사를 모두 바꿀 수 있다. 즉 승객은 서울에서 하와이까지 대한항공으로 그리고 하와이에서 샌프란시스코까지 유나이티드 항공으로 여행할 수 있다. 타 항공사의 탑승권을 인정한다는 항공사간의 합의는 노선간의 연결interline을 가능하게 하였다. 각 항공사마다 별개의 티켓을 발행하는 것보다 오히려 연대운송을 활용함으로써 한 개의 표준 티켓만을 사용하는 것으로 족하게 된다. 이 시스템으로 수화물 역시 최종목적지까지 탁송 받을 수 있다.

④ 도중하차 : 도중하차stopover는 승객이 최소한 12시간 동안 어떤 중간기착 지점에서 여행중단을 할 수 있는 것을 뜻한다. 승객은 월요일에 서울에서 도쿄까지 비행하고 수요일 저녁까지 도쿄에서 머무르고, 그리고 하와이까지 계속 비행하는 것을 선택할 수 있다. 이는 여행객이 항공사의 사전승인을 얻어 출발지와 도착지간의 지점에서 상당기간(국내선 4시간, 국제선 24시간 이상)동안 의도적으로 여행을 중지하는 계획적 중단을 뜻한다. Break of journey라고도 한다.

3. 서비스 유형

40~50여년 전 항공사는 냉동된 점심식사와 귓구멍의 압력을 완화시키기 위한 추잉 껌 한 통을 제공하고 있었다. 그러나 오늘날 승객들은 따뜻한 식사와 칵테일, 음악, 영화 등의 서비스를 제공받고 있다.

서비스 유형은 비행기 객실 등급 그리고 지불하는 요금에 따라 달라진다. 비행기의 가장 일반적인 좌석배치는 퍼스트 클래스first class 객실, 비즈니스 클래스business class 객실과 코우치 클래스coach class 또는 이코노미 클래스 economy class로 구성되어 있다. 그러나 어떤 항공사는 전 좌석을 이코노미 클래스 또는 퍼스트 클래스로 만들기도 한다.

퍼스트 클래스 승객들은 좋은 그릇에 제공되는 훌륭한 식사, 질 좋은 음료,

타이항공 thai airways

타이항공의 비즈니스 클래스인 로열 실크 클래스royal silk class는 편안한 공간을 확보할 수 있는 현대적인 스타일의 좌석을 제공한다. 각각의 좌석에는 노트북을 위한 전원 장치가 설치되어 있으며 와이드 LCD 터치 스크린을 갖춘 개인용 엔터테인먼트 시스템을 구비하고 있다. 공항에는 비즈니스 승객을 위한 전용 체크인 카운터가 있으며 VIP 라운지를 운영하고 있다. 로열 실크 클래스는 안락하고 넓은 좌석, 조용한 객실 그리고 더 많은 서비스를 기대하는 승객들을 위해 개발되었다.

영화 그리고 차별적인 인적 서비스를 받는다. 퍼스트 클래스 좌석들은 엔진소음으로부터 멀리 떨어진 비행기 앞쪽에 위치한다. 좌석 역시 넓고 다리를 뻗기에 충분한 공간을 두고 있다. 이코노미 클래스의 좌석들은 보다 좌석들이 붙어 있고 좁으며, 객실 내의 위치에 따라 안락성의 차이가 난다.

4. 무제한 및 제한적 항공요금

비할인 항공요금 또는 정상 항공요금이라고 불리는 무제한 항공요금unrestricted airfares을 구입한 승객은 좌석이 있는 목적지의 어느 항공사에도 탑승할 수 있다. 사람들은 무제한적 항공요금의 편의를 위해 별도의 요금을 지불해야 한다.

한편, 판매촉진 항공요금, 할인 항공요금 등으로 부르는 제한적 항공요금 restricted airface은 저렴할수록 제한은 더 크다. 그 내용은 다음 사항의 일부 또는 전부를 포함 할 수 있다.

- 사전에 구입하는 조건(출발 한 달 전까지)
- 목적지에서의 최대 및 최저 체류기간
- 명시된 여행일정과 출발시간
- 제한적인 출발일(일주일 중 특정요일만 가능)
- 취소 범칙금
- 수용력 통제(할인가격으로 어떤 일정한 비행에 이용할 수 있는 제한된 수의 좌석)
- 양도할 수 없는 티켓(어떤 항공사는 타 항공사에서 구입한 항공권을 인정하지 않는 경우도 있다)

휴가여행자나 친구와 친척을 방문하는 사람들은 일반적으로 신축적인 스케줄을 가지기 때문에 제한적인 항공요금을 구입하는 경향이 있다.

5. 국제항공요금

IATA(국제항공운송협회) 회원들은 국제항공요금을 논의하기 위해 회의를 개최한다. IATA에 의해 제정된 규칙과 원칙을 토대로 항공요금을 결정한다. 서로 다른 통화로 항공요금을 계산하는 복잡성을 감소시키기 위해서 모든 국제항공요금은 운임 공시단위fare construction units : FCU로 표시된다.

IATA는 비행거리, 서비스유형, 요금의 제한성 여부 등을 기초로 하여 항공가격을 산정한다. IATA 항공요금은 거리원칙mileage principle에 기초를 두고 있다. 국제 항공요금은 일반적으로 비행거리와 직접적으로 관계가 있다. 이것은 서울에서 하와이까지의 여행이 서울에서 일본 도쿄까지의 여행보다 더 많은 비용을 지불해야 한다는 것을 의미한다.

그러나 시장에서의 여러 가지 요인들은 장거리 여행을 사실상 저렴하게 만들기도 한다. 이를테면 보다 많은 사람들이 뉴욕에서 캐나다의 토론토로의 여행보다 프랑스 파리로의 여행을 원한다. 그러므로 뉴욕에서 파리 간 노선에는 보다 많은 경쟁 항공사가 존재한다. 이러한 요인으로 인해 뉴욕에서 파리까지의 항공요금은 비행거리 상으로는 더 먼 거리이지만 토론토행 요금보다 저렴한 가격이 형성되는 것이다.

유나이티드항공 united airlines

아랍에미리트 아부다비에서 뉴욕 왕복 이코노미 클래스 항공요금은 130만원 정도이며, 비즈니스 클래스 요금은 700만원 정도, 퍼스트 클래스는 1500만원 선이다. 항공사 수익구조에 큰 영향을 미치는 비즈니스 클래스 상용고객들은 항공사들의 표적 마켓이다. 비즈니스 트래블러 business traveller지가 발표한 아시아, 퍼시픽 지역 비즈니스 승객들의 선호 항공사 조사에서 미국 유나이티드항공은 2000년대 북미지역 최고의 항공사 중 하나로 선정되었다.

3

항공서비스 특성 및 유형

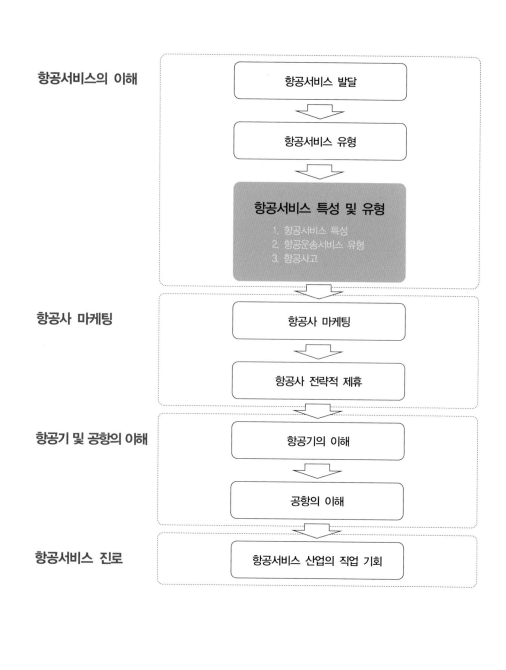

항공서비스의 이해

- 항공서비스 발달
- 항공서비스 유형
- **항공서비스 특성 및 유형**
  1. 항공서비스 특성
  2. 항공운송서비스 유형
  3. 항공사고

항공사 마케팅

- 항공사 마케팅
- 항공사 전략적 제휴

항공기 및 공항의 이해

- 항공기의 이해
- 공항의 이해

항공서비스 진로

- 항공서비스 산업의 직업 기회

제3장 항공서비스 특성 및 유형

제1절 항공서비스 특성

항공서비스산업은 최근 급속한 발전을 하고 있으며 고유의 특성은 다음과 같다.

1. 고속성

항공기는 철도, 자동차, 선박 등의 타 교통수단과 비교하여 속도 면에서 가장 빠르며 이것이 항공운송이 갖는 가장 큰 특성인 고속성이라 할 수 있다. 실제 이용자가 타 교통수단과 비교하여 높은 가격임에도 불구하고 항공기를 선택하는 이유는 고속성이라는 장점이 있기 때문이다. 교통수단으로서 가장 늦게 발달한 항공운송이 제2차 세계대전 후 수 십년 만에 전 세계 주요도시를 연결하는 항공 노선망을 구축하여 국제교통의 중심이 된 것도 이러한 고속성의 가치 때문이라 하겠다.

항공기의 평균속도는 1950년대에 시속 273km, 1960년대의 제트시대에 502km, 1970년대 761km로 고속화되었으며, 초음속 여객기의 출현으로 항공기의 평균속도가 더욱 빨라지고 있다. 최근 보잉777의 경우 984km의 속도를 내고 있다.

속도와 경제성 관계를 살펴보면 민간항공기의 경우 시속 500~600km까지 고속화되면 수송효율이 향상되어 경제성이 높아진다. 속도가 음속을 돌파하면 기체의 저항으로 경제적인 운항이 불가능해지게 된다. 민간항공기의 속도는 항공기의 최고속도와 순항속도만으로 결정되는 것이 아니고 구간속도에 의해 결정된다.

항공운송의 속도는 항공기가 움직이기 시작해서 목적지의 비행장에 도착 후 완전히 정지할 때까지의 소요되는 총시간을 기준으로 이루어진다. 즉, 지상 유도, 엔진점검, 이륙, 상승, 순항, 하강, 진입, 착륙, 지상유도의 9단계에 걸친 총 소요시간을 항공기의 속도로 보아야 한다. 이와 같이 출발지점에서 목적지 점까지 비행할 경우의 속도는 양 지점 간의 운항거리를 총 소요시간으로 나눈 속도인 구간속도를 의미한다. 항공기가 최고속도를 낼 수 있는 것은 일정한 고도에서 순항비행을 할 때이므로 순항거리가 긴 장거리 노선일수록 항공운 송의 고속성이 높아진다.

2. 안전성

항공운송은 안전성의 확보가 그 무엇보다 중요하다. 사고 발생 시 타 교통 수단과 비교할 수 없을 정도로 치명적인 결과를 초래하기 때문에 항공운송에 서의 안전성이 더욱 중요시되고 강조되는 것이다. 안전성은 항공기, 운항노선, 공항진입로 등의 기술적인 원인이나 기상조건의 자연적인 원인에 의해 크게 좌우되기 때문에 항공운송 초기에는 안전성이 매우 낮았으나 항공기 제작, 운항, 정비기술, 통신, 전자, 운항 지원시설 등의 발달로 안전성이 높아지게 되었다. 국제민간항공기구ICAO의 항공운송 안전성에 관한 자료에 따르면 최근 10 년간 평균 사고발생률은 1억 여객마일에 대하여 0.07명이다. 이는 항공운항 횟수 및 편당 여객 수가 크게 증가하고 있지만 항공운송의 안전성 역시 크게 높아지고 있다는 것을 보여주는 것이다.

3. 정시성

항공운송에서의 정시성은 공표된 시간표에 준해 운항하는 것을 의미한다. 정시성의 유지는 고객에 대한 기본적인 서비스이며 의무이고, 항공사 이미지와 신뢰성을 좌우한다.

항공운송사업은 운항준비 및 정비절차가 복잡하고 어려우며 기상조건 등에 의한 영향을 많이 받으므로 정시성을 확보하는 것이 쉽지 않다. 운항의 정시성과 운항횟수는 수요 유치에 큰 영향을 미치게 된다. 항공사는 항공기의 고속성을 이용하여 운항빈도 및 항공서비스의 품질을 높이고, 고객들의 신뢰도를 높이기 위하여 최선을 다해 정시운항을 하도록 노력하고 있으며, 또한 항공운항 시설, 공항, 장비, 운용의 개선을 통하여 정시성 유지를 위해 최선을 다하고 있다.

4. 경제성

항공운임은 다른 교통수단의 운임과 비교하면 매우 높다고 할 수 있다. 그동안 항공운송은 목적지까지의 시간 단축으로 시간가치 및 질 높은 서비스에 비중을 두는 사람들이 이용해 왔던 것이 사실이다.

그러나 항공기의 대형화, 시설, 장비의 현대화, 자동화, 경영합리화 등을 통한 원가절감 및 소득 증가 그리고 저비용항공사의 경쟁력강화 등으로 대중화의 시대가 도래했다. 현재 항공운송수단은 다른 운송수단보다 경제성이 높다고 할 수 있다.

5. 쾌적성

항공기 쾌적성의 요소는 객실 내의 시설(방음장치, 온도, 습도조절, 진동방지 등), 기내서비스(객실승무원의 친절성, 기내식의 질, 기내 위락시설, 잡지,

신문 등) 그리고 비행 상태 등을 들 수 있다.

항공기는 중량과 용적에 많은 제약을 받는다. 즉 항공기의 공간은 한정되어 있기 때문에 좌석 수나 탑재중량을 줄이면 객실의 쾌적성이나 연비를 향상시킬 수 있지만, 그 대신 경제성이 손상된다.

쾌적성의 중요 요소인 기내서비스는 항공여행을 더욱 즐겁고 쾌적하게 할 수 있는 중요한 요소이므로 대단히 중요하다고 할 수 있다.

항공기 비행 상태의 쾌적성은 기압, 기류, 온도 등의 대기조건과 항공기의 성능 등에 좌우된다. 하지만 항공사별 보유항공기 기종 및 기내서비스가 비슷하여 비행 상태의 쾌적성은 그 차이가 줄어들고 있다.

6. 공공성

항공운송은 하나의 교통수단이므로 국민 다수의 사회적 생활을 위한 공공성을 가진다고 할 수 있다. 그러므로 철도, 지하철, 버스 등의 다른 교통수단과 마찬가지로 항공운송산업도 항공운송조건을 공시하고 이용자 차별금지와 영업계속의 의무가 부여된다.

싱가포르항공 singapore airlines

싱가포르항공의 승무원 유니폼은 세계적인 패션디자이너 피에르 발망의 작품으로 사롱 케바야sarong kebaya라 불리우는 전통 의상을 현란하면서도 개성적인 디자인으로 재해석했다. 이러한 유니폼을 착용한 싱가포르항공의 승무원은 싱가포르 걸singapore girl로 대표되는 싱가포르항공의 상징적인 이미지로 자리매김했다.

제2절 항공운송서비스의 유형

민간항공은 정기항공과 일반항공으로 나눌 수 있다. 항공운송사업은 일반적으로 사업의 형태, 운송객체 그리고 운송지역을 기준으로 분류된다.

1. 사업형태에 의한 분류

운항의 정기성을 기준으로 정기 항공운송사업과 부정기 항공운송사업으로 분류된다.

정기 항공운송사업과 부정기 항공운송사업은 안전성, 쾌적성, 신속성의 면에서 동일 수준이다. 차이점은 정기 항공운송사업의 정기성, 수요자에 대한 운송의 공개성, 좌석이용률에 의한 운임차이라 할 수 있다.

1) 정기 항공운송사업

정기 항공운송사업scheduled airline은 출발지점과 도착지점간을 일정한 일시에 정기적으로 운항하는 사업이다.

국제민간항공기구ICAO는 정기 항공운송사업을 다음과 같이 정의하고 있다.

- 정기항공사들은 자사의 운항시간표를 인쇄하여 일반대중에게 배포하며 국제적으로는 자사의 운항시간표를 OAGofficial airline guide에 수록해서 세계에 알린다.
- 정기항공사는 국제항공운송협회IATA로부터 항공사 코드airline code를 부여받으며 운항하는 두 지점도 IATA로부터 도시코드city code를 지정받는다.
- 정기항공사는 공공성이 강하므로 수요의 많고 적음에 관계없이 정해진 운항시간표에 따라 운항하여야(운항계속의 의무) 함과 동시에 일반대중이 쉽게 읽을 수 있도록 운항조건(운송약관)을 공시하여야 한다. 뿐만 아니라

운항의 정시성을 확보하여야 하며 경영사정을 이유로 사업을 임의로 중지
하거나 노선의 운항을 휴항할 수 없다.

정기항공은 승객, 화물, 그리고 우편의 공공수송을 제공하는 개인회사들로
구성되어 있다. 미국의 유나이티드untied항공과 아메리칸american항공 그리고
대한항공, 아시아나항공 및 저비용항공사인 진에어 등이 정기항공사의 범주에
속한다.

일부 항공기는 화물만을 수송하도록 설계된다. 이러한 항공기들은 승객용
비행기와 같은 모양이지만 내부에 승객 좌석이 없다. 보잉 747F기와 같은 화
물항공기들은 4,000마일을 논스톱으로 100톤 이상을 수송할 수 있다. 패더럴
익스프레스federal express와 UPS 등이 전문 화물운송회사이다.

2) 부정기 항공운송사업

부정기 항공운송사업은 항공수요에 따라 지점과 지점을 연결하는 운송으로
불특정한 지점을 불특정한 일시에 채산성(채산성이란 경영에서 수지, 손익을
따져 이익이 나는 정도를 말한다)을 위주로 운영하는 것을 말한다. 부정기 항
공운송은 특정구간을 수시로 운항하는 운송과 항공기를 수요자의 요구에 따
라 전세운항charter하는 두 가지의 형태로 분류된다.

전자는 대부분의 경우 항공운임을 공시하여 여객을 모집하고 여객이 일정
수에 이르면 운항하는 방법을 취한다. 반면, 후자인 전세운항은 수요자의 요구
에 따라 지정된 구간에 항공좌석 전체를 임대하여 운송하는 것인데, 이것은
항공기의 수송력을 최대한 활용할 수 있어 낮은 운임에 의한 대량운송이 가능
하다.

2. 운송객체에 의한 분류

항공운송은 운송대상이 되는 객체에 따라 여객운송사업, 화물운송사업, 우편물운송사업으로 분류할 수 있다.

1) 여객운송사업

항공운송은 우편물 수송으로부터 시작되었다. 여객운송사업이 본격적으로 발전한 시기는 1930년대 중반부터이다. 항공화물 운송사업은 항공기의 대형화로 수송원가가 저하됨과 동시에 신속한 운송이 요구되면서 급속도로 발전하고 있다. 여객운송사업의 목적은 항공사가 항공기의 좌석을 제공하여 여객을 출발지에서 목적지까지 안전, 신속, 쾌적하게 운송하는 것이다.

2) 화물운송사업

화물운송사업은 항공사가 화물주로부터 수령한 화물을 신속하고 안전하게 목적지로 수송하여 지정한 수취인에게 화물을 인도하는 사업이다. 항공화물운송은 일반적으로 생산지로부터 화물이 발생하여 소비지로 운송되는 일방교통이며, 수송의 흐름도 불균형적이다.

여객운송사업은 공항에서 공항까지의 운송을 원칙으로 하나, 화물운송사업은 호구에서 호구까지의 운송을 원칙으로 하기 때문에 항공사, 대리점, 육상운송업자, 공항의 보세창고업자 등과의 제휴를 통하여 이루어지는 종합 운송사업이다.

3) 우편물운송사업

항공우편은 여객 및 화물운송과 함께 항공운송사업의 중요한 수송대상이다. 우편은 신속성이 요구되므로 항공기에 의한 우편수송은 그 수요가 늘어나고 있다.

3. 운송지역에 의한 분류

항공운송사업은 운송지역을 기준으로 국내항공 운송사업과 국제항공 운송사업으로 분류된다.

1) 국내항공 운송사업

국내항공 운송사업은 자국의 항공법에 따라 규제되고 있으며, 국제항공 운송사업보다 공공성이 강하므로 운항노선, 정시성, 운임의 설정 등에서 국가의 통제를 많이 받고 있다. 그리고 국내항공 운송사업은 국가의 경제, 사회, 문화의 발전과 밀접한 관계를 맺고 있으며, 국민의 소득수준 향상에 의한 시간가치의 증대, 지방도시의 도시화 진전에 의한 지역 간 유통량의 증대, 지방공항시설확충 등에 의해 성장하고 있다.

2) 국제항공 운송사업

국제항공 운송사업은 항공기 제조기술 향상 및 기술혁신 그리고 세계경제발전 및 활성화에 힘입어 크게 발전하고 있다. 그러나 일부 국가는 자국 항공사에 대한 보호주의적 입장을 취하고 있어 국제항공 운송사업 발달에 많은 제약이 따르고 있다.

4. 지리적 노선에 따른 분류

1978년 항공규제완화법airline deregulation act에 앞서 민간항공위원회civil aeronautics board : CAB는 특정항공노선의 항공사를 지정하였다. 예컨대 미국 델타항공은 시카고에서부터 시애틀까지의 항공노선에 대한 통제를 받는다. 지정항공사들은 규모와 범위를 나타내기 위해 지리적 노선에 따라 분류되고 있다.

카타르항공 qatar airways

대학 졸업예정 여학생들의 취업 희망 직종조사에서 항공사 승무원은 항상 상위에 랭크된다. 국가경제발전 및 국민소득 증가 그리고 한류 등으로 인한 Brand Korea 이미지 향상으로 항공사에 대한 취업문은 확대되고 있다. 카타르항공은 영국의 항공 전문 평가 기관인 Skytrax가 선정한 '2011, 2012 Airline of the year' 2017 5star airline 등 캐빈크루cabin crew 서비스의 우수성을 인정받은 카타르의 국영항공사이다.

제3절 항공사고

국제민간항공기구ICAO에서는 항공기 사고를 '승무원이나 승객이 항공기에 탑승한 후부터 내릴 때까지 항공기를 운항함으로써 일어난 사람의 사망, 부상, 항공기의 손상 등 항공기와 관련된 모든 사고'를 의미하는 것으로 정의하고 있다.

사고라고는 할 수 없으나 항공기의 운항 안전에 큰 위협이 되었거나 또는 그럴 가능성이 큰 사건들을 준사고라고 한다.

항공사고는 비교적 드문 사고임에도 불구하고 종종 피해규모가 상당한 결과를 동반하기 때문에 뉴스의 헤드라인을 장식하게 된다.

항공사고의 80%는 착륙과 이륙의 직전, 직후 혹은 도중에 일어난다. 1950년대부터 최근까지 발생한 2,000여건의 항공 사고는 다음의 원인에 의해 일어났다.

- 53% : 조종사의 과실
- 21% : 기계적인 결함
- 11% : 악천후(난기류, 번개, 태풍 등)
- 8% : 인간적인 실수(항공관제 실수, 항공기 과적, 잘못된 정비, 연료 오염, 의사소통의 문제 등)
- 6% : 고의적인 사고(하이재킹, 폭발물사고, 격추 등)
- 1% : 기타 이유(버드 스트라이크 등)

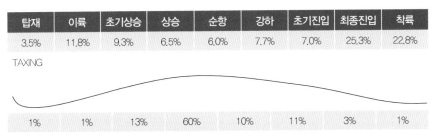

탑재	이륙	초기상승	상승	순항	강하	초기진입	최종진입	착륙
3.5%	11.8%	9.3%	6.5%	6.0%	7.7%	7.0%	25.3%	22.8%

TAXING

| 1% | 1% | 13% | 60% | 10% | 11% | 3% | 1% |

[그림 3-1] 비행 형태별 항공사고 발생률의 분포

1. 난기류

한국에서 호주나 뉴질랜드로 가는 항공기를 타고 적도 상공을 지날 때는 언제나 "안전벨트를 착용해 주시기 바랍니다"라는 안내방송을 들을 수 있다. 그 이유는 적도 상공이 난기류가 심하게 발생하는 지역이기 때문에 항공기가 좌우로 심하게 흔들리고 간혹 급강하하기 때문이다.

난기류는 뭉게구름 속에서 구름 내부의 풍속 차이에 의해 발생하는 것이 일반적이며, 특히 여름 장마철일수록 더욱 주의해야 한다. 순항하던 항공기가 공기 주머니air pocket로 불리는 난기류 지역을 지나게 되면 바람의 방향과 속도의 변화가 심해져 쉽게 중심을 잃어 위험해질 수 있다.

특히 난기류 가운데 청천난류는 기상레이더에도 잡히지 않아 매우 위험하다. 청천난류는 주로 중위도(30~50도)와 9km(약 3만 피트) 전후의 높은 고도에서 제트기류의 주변에 형성되는 강한 하강기류에 의해 발생하는데, 구름이나 천둥, 번개 같은 기상현상과 무관하기 때문에 마른하늘에 날벼락처럼 예고 없이 찾아와 사고를 일으킬 수 있다.

하지만 난기류로 인한 항공 사고는 흔한 일이 아니다. 항공기를 제작할 때부터 난기류를 만나 기체가 흔들리면 빠르게 회복될 수 있도록 설계했기 때문이다. 최근에는 까다로운 청천난류도 예측할 수 있는 기상장비가 개발되고 있다.

2. 메가번개

항공기가 번개를 맞는 것은 기체가 구름을 통과하거나 공기와의 마찰 등 여러 가지 이유로 낮은 전압의 전기를 띠기 때문이다.

항공기는 일상적으로 번개를 맞으며 운항하며, 벼락에 대비한 피뢰침이 좌우와 수직 날개 부분에 40~50개나 설치되어 있기 때문에, 번개 몇 번만으로 항공기가 추락하는 경우는 거의 없다. 하지만 뾰족한 부분의 금속이 녹아버리거나 전류에 의한 일시적인 전자시스템의 장애를 일으키는 일은 발생할 수 있다. 피뢰침에 벼락이 떨어질 경우 수만 볼트의 전류는 정전기 방출기를 통해 공중에 확산된다. 또 번개에 맞았을 때 영향을 받을 수 있는 각종 장비들은 피뢰 후 복구되거나 보조 장비가 가동되도록 설계되어 있다.

하지만 보통 번개보다 1,000배 정도 규모가 큰 메가번개는 다른 번개와 달리 구름 위에서 발생하며 시간은 1,000의 1초에서 10분의 1초 정도이다. 이것은 보통 번개가 치는 시간과 비교했을 때 100분의 1에서 10분의 1정도로 짧은 것이지만 번개의 높이는 80~90km에 이를 정도로 거대하다. 전문가들의 의견에 따르면 메가번개는 항공기에 보통 번개보다 6배나 더 큰 피해를 준다고 한다.

3. 버드 스트라이크 bird strike

버드 스트라이크란 항공기에 새가 충돌해 일어나는 사고를 의미한다.

대형 항공기에 작은 새 한 마리가 부딪친 것쯤 별로 대수롭지 않은 일로 생각할 수 있지만, 시속 370km로 이륙하는 비행기에 0.9kg짜리 청둥오리 한 마리가 부딪치면 항공기는 순간 4.8t의 충격을 받는다. 이 정도 충격이면 조종실 유리가 깨지거나 기체 일부가 찌그러질 수 있다. 가끔 비행기 엔진에 새가 빨려 들어가서 죽게 되면 엔진이 폭발하거나 하는 위험이 발생할 수도 있다.

이 같은 사고를 예방하기 위해 항공기 조종실의 유리창은 5겹 구조로 되어 있다. 외부창은 1~2mm의 강화글라스로 충격에도 상처가 나지 않는 특수재질로 구성되어 있고, 안쪽은 아주 얇은 전도성 금속 산화피막을 입혀 창의 표면 온도가 항상 35도를 유지하게 한다.

4. 한국의 주요 항공사고

● 대한항공 015편 착륙사고

1980년 김포국제공항에서 발생한 항공 사고이다. 로스엔젤레스발 앵커리지 경유 서울행 항공편으로, 보잉 747-200B가 김포국제공항으로 운행 중이었다. 이날 김포국제공항은 짙은 안개가 껴있어 시야가 800~1,000m정도에 불과한 상황이었다. 이러한 상황에서 착륙 진입을 시도하는 중, 조종사가 고도를 너무 빨리 내려 활주로 앞의 제방에 엔진이 부딪쳐 균형을 잃은 채 동체 착륙한 것 같은 상태로 2km나 활주로를 활주한 후에 정지하였다. 승무원들과 승객은 긴급 탈출에 성공했으나, 기체는 완전히 소실되었다. 사고 원인은 안개에 의한 시야 불량으로 인한 조종사의 과실로 판명 되었다.

● 대한항공 801편 추락사고

1997년 8월 6일 김포국제공항에서 출발하여 괌 국제공항에서 착륙을 시도 하였으나 실패하여 추락하였다. 승객 231명 중 206명, 승무원 23명 중 22명이 사망하여 총 228명이 사망한 사고이다.

● 대한항공 8509편 추락사고

1999년 12월 22일 HL7451로 등록된 보잉 747-2B5F기가 조종사 과실로 인해 런던 스탠스테드 공항 이륙 직후 추락한 사고이다. 이 항공기는 그레이트할링 버리 마을 가까이에 있는 햇필드 포레스트에 추락했다. 4명의 승무원 모두 사 망했다.

● 대한항공 2708편 화재사고

2016년 5월 27일 오후 12시 40분경, 도쿄 국제공항을 출발하여 김포국제공 항으로 가려던 대한항공 2708편의 엔진에 화재가 발생한 사고이다. 탈출 과정

에서 12명의 부상자가 발생하였다

● 아시아나항공 733편 추락사고

아시아나항공 733편이 1993년 7월 26일 전라남도 해남군에서 추락하여 68명의 사망자를 낸 사고이다.

● 아시아나항공 214편 착륙사고

2013년 7월 6일 오전 11시 27분(한국 시각 7월 7일 오전 3시 27분) 아시아나항공 소속 보잉 777-28E/ER 항공기가 대한민국 인천국제공항을 출발하여 미국 샌프란시스코 국제공항에 착륙하는 도중 28L 활주로 앞의 방파제 부분에 랜딩기어가 부딪혀서 발생한 사고이다. 아시아나항공이 창립한 이래 사망자가 생긴 3번째 항공 사고이자 1993년 전라남도 해남군 화원면에 추락한 사고 이후 2번째 여객기 추락 사고이며, 아시아나항공의 국제선 여객기에서는 처음 발생한 사고이다. 승객 3명이 사망했다.

● 제주항공 502편 활주로 이탈사고

2007년 8월 12일 부산의 김해국제공항에서 착륙 후 주기장으로 이동하던 제주항공 502편이 강풍으로 인해 구활주로 배수구에 항공기가 빠지는 사고가 발생했다. 이 사고로 승객 74명 중 10여명이 부상을 당했다.

● 중국국제항공 129편 추락사고

2002년 4월 15일 경상남도 김해에서 발생한 추락사고이다. 김해공항 활주로에 착륙을 시도하던 중 선회지점을 지나쳐 인근 돗대산에 추락하여 승객 167명중 128명이 사망한 참사이다. 대한민국 항공사고 조사위원회의 조사결과는 운항 승무원의 총체적인 안전사항 미비로 인한 추락사고로 결론을 내렸다.

5. 항공사고시 생존률이 가장 큰 좌석 위치

Source : University of Greenwich

University of Greenwich Study의 연구결과에 따르면, 항공사고시 생존율이 가장 큰 좌석은 전반적으로 앞쪽 보다는 뒤쪽에서 생존했던 경우가 많았으며, 특히 비상구로부터 5열 인근 통로 좌석에 앉았던 승객들의 생존율이 높은 것으로 나타났다. 그러나 다른 조사에서는 항공기 뒤쪽보다는 앞쪽에서의 생존율이 높다고 나와 이견이 있기는 하다. 하지만, 비상구 인근의 통로 좌석에 앉는 것이 비교적 생존율이 높다는 것은 일치한다.

6. 항공기 사고로 죽을 확률

항공기 사고로 죽을 확률은 통계적으로 천백만 분의 일이라고 한다. 통계적으로 보면 항공기 사고로 사망할 확률이 번개에 맞아 죽을 확률보다 낮으며, 심지어 핵사고로 인해 죽을 확률보다도 더 낮다. 걸어가다 넘어지거나, 추락해 죽을 확률이 약 2만 번 중에 한 번 꼴이라면 번개에 맞아 죽을 확률은 약 2백만 분의 일, 핵사고로 사망할 확률이 천만 분의 일인 것에 비한다면 항공기 사고 사망률은 대단히 낮은 가능성임을 알 수 있다.

항공기 사고는 일반인들에게 끼치는 폭발적인 영향력에 비하면 실제 사망 가능성이 그리 높지는 않다. 하지만 뉴스거리에 오르기 쉬운 사건사고라 종종 언론에 오르내리기 때문에 항공사고로 인한 사망확률이 높게 인식되는 것이다.

4

항공사 마케팅

AIRLINE MARKETING
제4장 항공사 마케팅

제1절 항공사 마케팅

항공서비스 산업은 지속적인 경제성장 및 소득수준 향상 그리고 각국 정부의 보호아래 급성장해왔다. 하지만 항공자유화에 의한 노선별 경쟁이 치열해짐에 따라 정부의 보호 아래 운영되던 일부 국영 항공사들은 방만한 경영의 대가로 파산의 위기에 처하기도 했으며, 시장에서는 저비용항공사와 거대 여행기업의 출현으로 새로운 전기가 형성되었다.

많은 어려움에도 불구하고 일부 항공사들은 높은 수익을 올리며 시장을 선도하고 있다. 미국에서는 사우스웨스트항공이 많은 이익을 창출하고 있으며, 유럽에서는 루프트한자독일항공, 아시아에서는 싱가포르항공과 캐세이패시픽항공 등이 대표적인 경우이다. 그렇다면 시장을 선도하고 있는 항공사들을 구별해 내는 요소는 무엇인가?

물론 많은 요소가 있을 수 있겠지만, 가장 중요한 요소 중 하나는 선도적이고 성공적인 항공사는 마케팅 지향적인 항공사라는 것이다. 성공적인 항공사들은 고객의 욕구를 파악하는 것에 중점적으로 투자하는 항공사들이다. 그리고 돌아올 이익을 보며 고객의 욕구를 충족시키는데 회사 자원의 전부를 쏜다. 우리는 이제 '마케팅'이라는 말의 정의와 성공하려고 노력하는 항공사가 반드시 달성해야 하는 과정에 대해 더 깊이 알아볼 것이다.

1. 마케팅의 정의

마케팅을 정의할 때 사람들은 종종 마케팅과 판매가 동일하다고 생각하지만 그렇지 않다. 판매는 마케팅 과정의 최종 단계이다. 마케팅은 사업을 경영하는 전체 원리를 묘사한다. 마케팅은 최고 경영진부터 일선의 직원에게까지 회사의 목표와 문제 해결방안을 요구한다. 필자는 마케팅의 정의를 다음과 같이 사용할 것이다.

"마케팅은 고객의 필요와 욕구를 파악하여 고객을 만족시키는 경영의 과정이다."
- 영국 공인 마케팅 학회

항공사 마케팅은 개인 또는 가족 그룹 단위를 목표로 한다는 점에서 소비자 마케팅이라고 설명할 수 있으며 또한 회사 대 회사 마케팅이 주요 부분이기에 산업 마케팅이라 할 수 있다. 즉 항공사 마케팅은 소비자 마케팅 및 산업 마케팅을 함께 포함하고 있다.

2. 항공사 마케팅의 특성

항공서비스산업은 제품과 서비스가 결합된 상품으로서 타 산업의 제품적 특성과 차이가 있기 때문에 마케팅의 적용 및 실천에 있어 여러 가지 특성을 내포하고 있다. 따라서 마케팅관리자는 다음과 같은 다섯 가지 특성에 대하여 관심을 갖고 이해해야 한다.

1) 무형성

항공상품은 유형적 제품 중 가장 무형적이라 할 수 있다. 항공산업의 제품 및 서비스는 소유하지 못하고 경험할 수밖에 없기 때문에 무형성은 더욱 가중

될 수밖에 없는 것이다. 따라서 항공산업은 이러한 무형성intangibility을 극복하는 것이 무엇보다 중요하며, 이를 극복하기 위해서는 주로 두 가지 방법이 사용되고 있다.

첫째는 경험의 가치를 가시화해서 보여 주거나 오랫동안 기억할 수 있는 즐거운 추억을 만들어 주어야 한다. 항공여행객은 무형적 제품을 구매하지만, 여기에 종사원의 서비스 등이 결합되어 즐거움 흥미 편의 등 다양한 혜택benefit을 경험하고 이러한 즐거움이 추억으로 남는 것이다. 이러한 무형적 특성에 대해 로버트 루이스robert lewis는 "서비스 구매자들은 빈 손empty handed으로 돌아가지만, 빈 머리empty headed로 돌아가지는 않는다. 즉 그들은 다른 사람과 공유할 수 있는 추억을 가지고 간다"라고 설명하였다.

항공사의 주요 광고에서도 눈에 보이지 않는 상품의 가치를 소중한 경험에 비교하여 고객에게 어필하고 있다. 예를 들어 대한항공은 "그때 캐나다가 나를 불렀다"라는 인상 깊은 카피를 통해 캐나다의 자연경관을 시리즈별로 선보였다. 이러한 광고는 캐나다에서의 무형적 경험을 가시화하여 고객에게 보여 준 것이다.

이 밖에도 대한항공은 모든 운항노선의 상품가치를 소중한 경험의 가치에 비교하여 고객을 설득하고 있다.

또 다른 방법은 유형적 단서를 제공하여 무형성을 감소시키는 것이다. 서비스의 무형성이 소비자 위험지각을 높이는 주요 원인이므로 이런 무형성을 낮출 수 있는 유형의 근거tangible clues를 제시하는 방법이다. 즉 소비자들이 좋은 이미지로 기억할 수 있는 로고 디자인을 선보인다든지 서비스 과정을 관찰할 수 있게 해주는 것이다.

항공사에서는 항공사의 우아하고 고급스러운 이미지를 전달하기 위해 승무원의 화려한 유니폼이나 깔끔한 외형적 태도를 통해 유형적 단서를 제공하거나, 비즈니스 클래스나 퍼스트 클래스 광고를 통해 고품질과 고급 서비스의 이미지를 의도적으로 전달하기도 한다.

대한항공 korean air

"그때 캐나다가 나를 불렀다"라는 인상 깊은 카피를 통해 캐나다의 자연경관을 멋지게 광고에 담은 대한항공 퀘벡씨티 편에서는 퀘벡의 키워드인 7가지 F(France, Freedom, Frozen, Fresco, Fort, Funny face, Chateau Frontenac Hotel) 중 하나인 샤토 프롱트낙 호텔chateau frontenac hotel을 소개하고 있다. 샤토 프롱트낙 호텔은 퀘벡시의 상징으로 객실이 600개에 달하며 고지대에 위치해 있어 시내 어디에서나 볼 수 있다.

2) 소멸성

항공서비스산업에서 서비스는 저장할 수 없으며, 구매와 동시에 즉시 소비되어 소멸되는 특성이 있다. 예를 들어 오늘 미국 뉴욕행 400좌석을 보유한 항공사가 100좌석 밖에 판매하지 못하였다면 나머지 300좌석을 저장하여 다음날 판매할 수는 없다. 판매하지 못한 300좌석의 판매기회는 지났고, 판매하지 못해 잃어버린 수익은 영원히 소멸되는 것이다.

따라서 항공사에서는 이러한 소멸적 특성을 적절히 관리하는 것이 중요한데, 이를 위해서 수요를 관리하는 세 가지 방법이 주로 사용되고 있다.

첫째, 초과예약을 받는 것이다. 예를 들어 항공사에서 성수기 좌석예약을 받으면서 노쇼no show고객으로 인해 판매하지 못하는 좌석의 손실을 줄이기 위해 10% 정도의 초과예약을 받는 것이다. 최근 일부 항공사에서는 노쇼고객으로 인한 손실을 근본적으로 차단하기 위해 예약과 동시에 항공료를 입금토록 하고, 입금확인 후에 고객에게 예약번호를 부여하기도 한다. 항공사들은 RMrevenue management 기법에 따라 만약에 발생할 오버부킹에 대비해 탑승 인원수를 실시간으로 관리하고 있다. 오버부킹over booking이 된 경우 내부규정에 따라 좌석 업그레이드, 다른 항공편 제안, 호텔숙박권 제공, 현금보상 등을 제공하게 된다.

● 유나이티드항공 오버부킹(초과예약) 사건

2017년 4월 9일 미국 시카고 오헤어공항에서 켄터키 루이빌행 유나이티드 3411편에서 베트남계 미국인 의사 데이비드 다오가 공항 경찰에 의해 강제로 끌려나오는 일이 발생했다. 항공사측은 오버부킹을 해결하는 과정에서 무작위로 하차할 승객 네 명을 정했고, 한 명이 거부하자 경찰을 불러 강제로 끌어냈다고 발표했다. 하지만 이 설명은 거짓으로 드러났다. 로스앤젤레스타임스는 '회사 측이 늦게 도착한 승무원을 태우려고 티켓을 사서 정당하게 탑승한 승객을 끌어내렸다'고 보도했다. 오버부킹 문제가 아니었다. 오버부킹은 승객

이 기내 탑승하기 전 해결하는 게 원칙이며 탑승한 승객을 강제로 내리게 한
건 전적으로 항공사 측 잘못이다.

둘째, 항공사의 상품은 재고로 이월될 수 없기 때문에 할인을 통해 상품판
매를 촉진하는 것이다. 저비용항공사인 사우스웨스트항공은 좌석 수요관리를
통해 상품손실을 줄이고 있는 모범적 사례로 꼽힌다. 출발 일주일 전에 판매
하지 못한 항공좌석에 대해 할인된 요금으로 고객 데이터베이스에 있는 주요
고객들에게 이메일을 보낸다. 고객들은 특정 여행일의 항공좌석 정보를 받게
되며, 이에 대한 구매를 선택하게 된다.

셋째, 일회성 고객보다는 지속성durability이 가능한 상용고객repeat guest을
유치하는 것이다. 예를 들어 항공사에서는 상용고객을 유치하기 위해 '마일리
지 프로그램'을 운영하고 있다. 마일리지 프로그램은 탑승거리와 이용실적에
따라 마일리지를 누적시켜 그에 따른 보너스항공권 및 각종 혜택을 부여하여
그 항공사를 계속 이용하도록 하는 마케팅이다.

3) 성·비수기 존재

대부분의 항공상품은 계절의 영향에 따라 성수기on season와 비수기off
season가 뚜렷하게 구분된다. 성수기에는 비이동성과 비저장성의 특성으로 인
해 항공상품 공급이 절대적으로 부족하고, 비수기에는 항공수요가 급격히 줄
어들어 수지의 불균형을 초래하기 마련이다. 따라서 항공사에서는 성수기를
오래 지속시키는 마케팅이 절실히 필요한 것이다.

마케팅에서 성수기와 비수기는 계절성에 따라 존재하기도 하지만, 수요의
변동에 따라 요일이나 시간대에 따라 성·비수기가 적용되기도 한다. 예를 들
어 주말에는 근거리 항공 목적지의 상품이 부족해지며, 주중에는 항공수요가
급격히 줄어든다. 따라서 항공사에서는 수요가 몰리는 주말에 성수기 항공요
금을 부과하고 항공편을 증편 운항하여 수익성을 극대화하는 마케팅을 하고

있다.

4) 이질성과 서비스 표준화

항공서비스산업에서는 다양한 제품을 무수한 이질적 서비스를 통하여 판매하고 있다. 무수한 이질적 서비스라는 것은 서로 다른 승객을 대상으로 서로 다른 항공사 직원들이 서비스를 제공하는 것이다. 즉 서비스의 질은 그것을 전달하는 항공사 종사자의 감정과 시간 그리고 장소에 따라 달라진다는 의미이다. 고품격 서비스는 개개인의 대응을 통해 실현되는 것이므로 서비스 종사자의 수준이 서비스의 수준임을 인식해야 하며, 서비스 종사자의 마인드와 태도는 항공사 마케팅의 중요한 요소가 된다.

그러나 항공서비스 제공과정에서 항공종사자들의 인적 요소는 서비스 결과의 이질성을 발생시키곤 한다. 서비스 제공자 측면에서 살펴보면 매일 매일의 심리상태와 감정이 다른 만큼 서비스 품질의 표준화를 확보하기 어려운 이질성의 특징을 보인다. 또한 동일한 서비스도 고객에 따라 차이가 발생하는 것은 고객이 서비스를 어떻게 인지하는가, 혹은 서비스에 대한 기대가 무엇인가에 따라 다르기 때문이다. 따라서 서비스의 이질성은 항공사에서 고객을 실망시키는 주요 원인으로 작용하고 있다.

이와 같이 항공서비스산업의 이질성을 극복하기 위해 항공사에서는 서비스 표준화service standardization를 통해 서비스의 일관성을 유지하고 있다. 서비스 표준화의 가장 큰 목적은 승객이 어느 종사자를 만나더라도 기대하는 동일한 서비스를 제공받으며, 원하지 않는 뜻밖의 일들이 발생하지 않도록 하는 것이다. 즉 종사자들의 특성과 그날의 감정상태에 따라 달라질 수 있는 서비스를 하나의 구체적인 규칙과 기준으로 표준화하여 동일한 서비스를 제공하는 것이다.

대한항공이 주도하는 세계적인 항공 동맹체 스카이팀은 전 세계 공항에서 표준화된 우대 서비스를 제공해 고객 편의를 증진하기 위해서 스카이 프라이어리티sky priority서비스를 시행하고 있다. 이는 탑승수속, 수하물 처리, 항공기 탑승에 이르기까지 전 세계 공항에서 표준화된 우대 서비스를 제공하는 것이다.

서비스의 일관성을 유지하기 위한 사우스웨스트항공의 서비스 표준화는 좋은 사례이다. 1973년 창립 이래 지속적으로 흑자경영을 하고 있는 사우웨스트항공은 저렴한 가격으로 목적지까지 빠른 시간에 이동한다는 전략을 내세워 장거리와 국제선은 폐지하고 단거리 운행에 중점을 두었다. 그로 인해 음료나 식사제공 등의 기내서비스는 최소화하고, 다른 항공사가 아닌 버스, 기차, 자동차 등의 다른 교통수단과 경쟁한다는 생각으로 비행지연, 복잡한 절차 등을 없애는데 주력하였으며, 지정좌석제를 폐지하였다. 즉, 모든 승객에게 동일한 서비스를 제공하겠다는 표준화 전략은 많은 승객을 상대하고 승객의 참여 수준이 낮은 서비스 업종에 적합한 서비스 프로세스이다.

5) 인적 서비스 의존성

항공서비스산업은 인적 서비스의 중요성이 더없이 중요하다. 인적 서비스는 잘 훈련되고 교육받은 항공사직원에 의해 항공상품이 생산되고 판매될 때 승객으로부터 높은 만족감을 이끌어낼 수 있다는 장점이 있다. 언제나 세련되고 예절바르게 고객의 취향에 맞도록 서비스한다는 것은 잘 훈련된 항공사직원으로서도 어려운 일이지만, 항공사는 이를 통해 최상의 서비스 품질을 유지해야 한다.

그러나 다양한 취향의 승객들을 대상으로 수준 높은 서비스와 다양한 서비스를 제공하는 것은 매우 어려운 일이다. 따라서 항공사에서는 직원을 최초의 고객으로 보고 그들에게 서비스 마인드나 고객 지향적 사고를 심어 주며 더 좋은 성과를 낼 수 있도록 동기를 부여하는 것이 중요하다. 즉 외부고객에게 양질의 서비스를 제공하기 위해 먼저 내부고객에게 양질의 서비스를 제공할 수 있는 체제를 구축해야 하는 것이다.

특히 항공사에서는 직원들에 의한 서비스 제공이 다른 어떤 산업보다도 중요하다. 그 이유는 종사원 자체가 서비스이기 때문이다. 서비스 기업의 경우 고객과의 접촉이 많은 업무는 주로 현장종사자에 의해 이루어지기 때문에 그들은 고객의 눈에 비치는 조직 그 자체이며, 기업의 이미지이다.

이러한 측면에서 싱가포르항공singapore airlines은 한국생산성본부의 '국가고객만족지수NCSI : national customer satisfaction index서비스부문 평가'에서 9년 연속 최우수 인적 서비스제공 항공사로 선정되어 주목을 받고 있다. 특히 싱가포르 걸singapore girl로 대표되는 고객 최우선 인적 서비스는 항공업계의 혁신적인 기내서비스 문화를 선도하고 있다. 이러한 고객중심 인적 서비스와 더불어 이를 뒷받침하는 기술에 대한 지속적인 투자는 높은 고객만족도를 변함없이 이어가고 있는 원동력이 되고 있다. 또한 고객들의 기대수준이 지속적으로 높아짐에 따라 끊임없는 혁신과 최고 수준의 서비스를 개발하고 제공하는 것을 과제로 삼고 있다.

싱가포르항공 singapore airlines

아시아의 우아함, 환대, 특별함의 전형 그리고 싱가포르 걸은 1972년 탄생 이후 싱가포르항공의 동의어이자 다른 항공사들조차 부러워하는 최고 수준 서비스의 표준이며 상징이다. 유니폼 디자인은 1970년대에 최초로 소개되었으며 전 세계적으로 싱가포르 걸의 상징으로 인식된다. 싱가포르 걸의 사롱 케바야는 네 가지 색으로 구성되며 각 색깔별로 다른 직급을 나타낸다.

제2절 항공사 전략적 계획수립

1. 전략적 계획수립의 개념

전략이란 기업이 외부환경에 의해 창출된 기회와 위협에 대하여 조직 내부의 자원과 기술을 개발하고, 기업이익을 달성할 수 있는 가장 적합한 전략적 대안을 의미한다. 계획이란 기업이 추구하려는 목표를 어떻게 달성할 것인가를 밝힌 내용이라 할 수 있으며, 계획수립은 기업이 추구하는 목표를 분명하게 규정짓고 이를 달성하기 위하여 수행해야 할 과업들을 결정하는 과정이라고 정의할 수 있다.

전략적 계획수립은 기업 내에서 이루어지는 다른 모든 계획수립의 근간이 되기 때문에 기업은 전략계획을 통해 기업이 추구하려는 목표를 어떻게 달성할 것인가를 밝힌 내용을 수립하게 된다. 통상적으로 연간 계획과 장기적 차원의 전략계획을 수립하게 되는데, 연간 계획은 당해 연도 사업들을 평가하고 이를 잘 유지하는 방법을 다루는 반면, 전략적 계획은 끊임없이 변화하는 환경 속에서 포착되는 기회를 유리하게 이용할 수 있도록 기업을 변신시키는 작업과 관련된 계획이다.

2. 전략적 계획수립의 필요성

모든 항공사는 미래에 성취하고자 하는 목표를 달성하기 위해서 그들만의 장기적인 생존과 성장을 위한 계획을 강구해야 한다. 이것이 전략계획의 핵심이다. 즉 항공사의 목표를 달성하기 위하여 최적의 대안을 개발하고 유지하는 과정이 필요하며, 이를 위해서는 전략적 계획strategic planning을 수립해야 할 필요성이 있다.

오늘날 항공사가 직면하고 있는 가장 큰 과제는 시장 및 급속한 환경변화에서 어떻게 사업을 강화시키고 유지시킬 것인가에 있다. 특히 소비자의 욕구가 다양하게 변화하는 항공산업 전반에서 환경변화에 유연하게 대처하면서 기업의 마케팅활동을 전반적으로 조정하고 통합할 전략적 지침이 필수적이다. 즉 급격한 환경변화에 따른 불확실성의 증대는 항공사로 하여금 자신이 처해 있는 독특한 환경을 분석하여 기회와 위협요인 그리고 자신이 가지고 있는 경쟁상의 우위를 찾아내고 이를 바탕으로 대책을 강구하는 노력을 계속해야 할 필요성을 증대시킨다.

따라서 전략적 계획수립은 항공사의 성공적인 마케팅활동에 뚜렷한 방향을 제시하기 위해서 필수적이다. 마케팅목표를 뚜렷하게 제시함으로써 구성원의 역할분담이 효과적으로 이루어지고, 노력이 한 곳으로 집중되어 적은 노력으로 최대한의 성과를 올릴 수 있으며, 미래의 환경변화를 예측하고 이에 효과적으로 대처할 수 있게 된다.

3. 전략적 계획수립의 과정

전략적 계획수립은 크게 5단계로 이루어진다. 1단계는 기업의 사명mission을 정의하는 것이다. 2단계는 기업이 처한 환경을 분석하여 기업의 목표를 설정하는 전략의 초석을 마련하는 단계이고, 3단계는 기본전략단계로써 마케팅 전략이 시작되는 단계이다. 4단계는 영업적 기능적 단계로써 마케팅활동을 수행하는 마케팅 믹스 단계이다. 마지막으로 5단계는 사후전략단계이다.

1) 기업사명의 정의

전략적 계획수립은 기업사명corporate mission을 정의하는 것에서 시작된다. 기업의 사명은 곧 목적purpose 혹은 사업의 정의definition, 경영철학 등과 같은 의미로 해석될 수 있는데, '기업이 어떠한 고객을 위하여 어떠한 목표와 장점을 갖고 향후 어떠한 방향으로 나아갈 것인가'를 정의하는 것이다.

피터 드러커peter drucker는 기업들이 몇 가지 본질적인 문제에 대해 끊임없이 답변해야 한다고 하였는데, 예컨대 '우리들 사업은 무엇인가? 고객은 누구인가? 고객에게 가치 있는 것은 무엇인가? 앞으로 우리의 사업은 어떻게 될 것인가?' 등과 같은 것이다. 이러한 질문은 간단해 보이지만 대답하기 어려운 질문이다. 성공하는 기업은 이러한 질문을 끊임없이 제기하고 이에 대하여 철저하게 답변하고 있다. 많은 기업들이 이러한 물음에 대답하는 공식적인 사명을 제시하고 있는데 명확한 기업사명은 조직에서 사람들을 인도하는 '보이지 않는 손'과 같은 역할을 하고 있다.

델타항공의 기업사명인 '세계의 정상에서'는 항공운송에서 세계 1위의 자부심과 더불어 서비스 등에서도 세계최고를 지향하며 자사 직원들에게 명확한 목표를 제시하고 있다. 사우스웨스트항공의 '자유로운 비행'은 가슴에서 우러나오는 서비스와 봉사 정신은 직원들을 다그친다고 되는 것이 아니라 직원들이 그들의 일을 인정해주는 자유로운 환경에서 일할 때 발휘된다는 최고경영진의 경영철학으로 해석 된다.

스칸디나비아항공은 '짧은 순간에 고객을 만족시켜라'라는 명확한 사명으로 고객 및 자사 직원들에게 다가가고 있다. 카타르항공의 사명은 '우리가 하는 모든 일에 최상의 서비스 제공'이다. 카타르항공과 함께 하는 시간을 평생 잊지 못할 추억거리로 만들어 제공하려는 기업사명으로 정의되고 있다.

대한항공의 기업 사명은 '세계 항공업계를 선도하는 글로벌 항공사'To be a respected leader in the world airline community이다.

델타항공 delta airlines

2010년 미국 5위의 항공사인 노스웨스트항공과 합병해 세계 최대의 항공사가 되었다. 항공운송에서 세계1위의 자부심 그리고 서비스 등에서도 세계1위를 넘어 최고의 항공사를 지향하는 Delta항공의 글로벌 슬로건은 'Keep Climbing'이다.

2) 종합적 분석

종합적 분석은 기업의 위치를 파악하고(상황분석) 기업이 가야 할 최종 목적지를 정하는(목표설정) 단계이다. 종합적 분석을 위해서는 내부적 환경과 외부적 환경을 모두 분석해야 한다. 내부적 환경은 기업이 가진 마케팅 도구나 자원 등을 의미하며, 기업내부에서 통제 가능한 요소이다. 외부적 환경요소는 거시적 환경과 미시적 환경으로 구분되는데, 경영자가 통제할 수 없는 환경이다.

(1) 거시적 환경분석

거시적 환경macro environment은 미시적 환경에 영향을 미치는 6가지의 주요요인(기술적, 인구통계적, 경제적, 정치적, 사회문화적, 생태적 환경)들로 구성되는데, 항공산업에 상당한 영향을 미치고 있어 거시환경을 적절히 활용하거나 극복하는 전략이 요구된다.

거시환경분석의 주요한 관점은 무수한 환경변화 중 항공산업에 직접적으로 관련이 되거나 영향을 미치는 환경변화가 무엇인지를 규명하고, 그러한 환경변화를 미리 예측하고 앞서 나아가는 전략의 초석을 마련하는 것이다.

(2) 미시적 환경분석

미시적 환경은 공급업자, 경쟁업자, 중개업자 등으로 구분된다. 이들은 마케팅조직과의 바람직한 관계를 개발하고 유지하기 위해 노력하기 때문에 서로 영향을 주고받는다.

공급자suppliers란 기업이 제품과 서비스를 창출함에 있어 필요한 자원을 제공하는 기업 또는 개인을 말한다. 환대산업에 있어 공급업자는 관광 상품을 구성하는 구성요소를 제공하는 업자로서 여행 산업의 경우 호텔, 항공사, 레스토랑, 매력적인 관광지, 렌터카 및 버스 운송업자, 관광기념품 등의 사업자가 공급자에 해당한다.

항공사의 경우에는 원유가격 상승으로 인한 원가상승이 발생할 경우 어쩔 수 없이 가격인상을 실시하게 되고, 가격상승은 소비자의 구매 부담으로 이어지는 악순환을 초래한다. 따라서 마케팅 관계자는 원유 공급처를 다변화하는 한편 계속적인 이용가능성에도 관심을 기울여야 한다.

(3) SWOT분석

기업의 내적 요인은 강점과 약점으로 구분하고, 외적 요인은 기회와 위협으로 구분한다. 기업이 SWOT분석을 하는 목적은 거시환경분석 및 시장분석결과에서 도출된 시장의 기회와 위협을 기업 자사분석의 결과에서 도출된 장단점과 비교하고 조화시켜 다음 단계인 기업의 목표설정 및 전략수행의 연결고리로 사용하는 데 있다.

지난 1988년 운항을 시작한 아시아나항공은 세밀한 SWOT분석을 통해 비교적 수월하게 항공 시장에 진입한 좋은 예이다. 아시아나항공은 싱가포르항공의 서비스를 벤치마킹하여 고객의 눈높이에 맞는 서비스를 제공함으로서 항공서비스 평가기관으로부터 좋은 평가를 받고 있다.

(4) 고객행동분석

초기에는 주로 경영자의 주관적인 판단이나 경험과 같은 비체계적인 방법으로 고객욕구를 파악하여 의사결정을 하였다. 그러나 시장 환경이 점점 복잡해짐에 따라 마케팅관리자의 주관적인 판단만으로는 고객의 욕구를 정확하게 파악하거나 자사에 대한 고객의 반응을 파악하기가 어려워졌다.

따라서 고객에 대한 체계적이고 정확한 분석을 통해 고객을 정확히 파악하지 못하면 시장세분화와 표적시장의 선정 등과 같은 마케팅활동을 효과적으로 전개할 수 없다.

이러한 필요성에 따라 고객행동분석의 초점을 크게 두 부분으로 구분하여 설명하고자 한다. 첫째, 고객행동에 영향을 미치는 요인으로 문화적 요인, 사회적 요인, 인구통계적 요인, 심리적 요인으로 나누어 분석한다. 둘째, 고객이 어떠한 과정을 거쳐서 상품을 구매하는가 하는 부분으로 고객의 구매의사결정단계에 대하여 분석한다.

(5) 기업목표의 설정

기업의 사명이 결정되고 종합적 분석이 완료되면 전략적 수행의 초석이 마련되고, 다음 단계로 기업의 목표를 설정하여야 한다. 마케팅의 전략과 프로그램은 이러한 마케팅목표들을 뒷받침하기 위해 개발되어야 한다.

기업의 목표는 1, 2년의 단기목표, 3, 5년 정도의 중기목표, 5년 이상의 장기목표로 구분된다. 또한 마케팅 전략계획에 있어 단기목표는 '마케팅 계획' 차원에서의 의미를 갖고 있으며, 중·장기목표는 '전략 마케팅' 차원에서의 의미를 갖고 있다.

특히 1, 2년 내의 단기적 목표에서는 입증할 수 있는 기준이 설정되어야 한다. 예를 들어 '0000년까지 이익을 제고시키고 비용을 절감한다'라는 표현이 아니라 '0000년까지 이익을 20% 이상 상승시키고, 비용은 10% 이상 절감한다'와 같이 구체적 수치로 나타내는 목표를 의미한다.

이와 같이 기업의 목표는 판매수익 시장점유율 좌석점유율 비용 등 주요변수에 대한 구체적인 수치 및 성장률, 원가절감률, 달성소요기간 및 완료시점 등 그 결과를 측정할 수 있는 구체적인 기준에 근거해야 한다.

3) 기본전략 수립단계

2단계의 종합적 분석이 마케팅전략의 초석을 마련하는 단계라면, 3단계 기본전략단계는 마케팅전략이 시작되는 단계이다. 기본전략의 유형과 순서는 시장세분화segmentation, 표적시장target market, 포지셔닝positioning 순서로 진행된다.

(1) 시장세분화전략

세분화segmented marketing전략은 몇 개의 세분시장을 표적시장으로 선정하고, 각기 다른 차별화제품을 가지고 접근하는 마케팅이다. 일반적으로 이러한 전략은 자원이 풍부한 대기업에서 선택할 수 있는 것으로 경쟁이 심해지는 제품수명 주기상의 성장기 후반이나 성숙기에 자주 사용되는 전략이다. 차별화를 통해 표적시장에 적합한 여러 제품으로 소구하므로 판매량을 증대시켜 매출증가를 기대할 수 있으나, 반면에 관리능력을 초과하는 방만한 제품구성으로 인해 생산비, 재고관리비, 유통관리비, 광고비 등이 과다하게 지출되어 이익률이 떨어질 수 있는 단점이 있다.

아시아나항공에서는 VIP고객을 표적시장으로 공략하기 위하여 모든 중대형 항공기에 고품격 시트와 다양한 기내식 서비스를 제공하면서 최첨단 항공기로 차별화를 시도하고 있다. 첨단 기내시설로서 '오즈 쿼트라 스마티움'OZ quadra-smartium 좌석을 도입하여 고객들에게 4가지 특별함(침대형 시트, 독립된 나만의 공간, 자유로운 출입, 효율적 좌석배치)을 제공하고 있으며, 특별한 기내식 제공을 위해서 국내 유수의 레스토랑 및 전문가와 제휴를 통하여 건강을 고려한 최상급의 다양한 메뉴를 제공하고 있다. 더불어 기내식의 맞춤 서비스를 지향하고자 예약 시 최소 24시간 전에 원하는 메뉴를 주문하는 사전주문제를 운영하여 타 항공사와 차별화된 서비스를 제공하고 있다. 이러한 차별화된 서비스가 인정되어 아시아나항공은 스카이트랙스skytrax에서 선정한 5스타 항공사에 이름을 올렸다. 5스타 항공사에 선정된 것은 현재까지 전 세계를 통틀어 6개 항공사뿐이다.

● 틈새 마케팅

세분화전략에서 틈새 마케팅은 기존의 세분시장 중에서도 미처 발견하지 못한 아주 조그만 틈새시장을 찾아내어 공략하는 마케팅전략이다. 틈새는 기존시장에서 남들에게 알려지지 않았고, 미처 존재가치를 잘 알지 못하는 시장을 의미한다. 그래서 틈새 마케팅은 새로운 것을 만들어내는 것보다는 기존에 있는 시장에서 무언가를 발견하는 발상에서 출발한다. 소비자의 욕구를 파악하고 그들의 욕구를 충족시켜 줄 수 있는 잠재가치가 있는 시장을 찾아내어 이를 공략하는 것이다.

틈새시장을 가장 잘 이용한 기업은 사우스웨스트항공이다. 1971년 텍사스 texas에서 항공기 3대로 시작한 이 기업은 CEO : herb kelleher 타 항공사의 'hub and spoke' 방식이 아닌 'point-to-point' 방식으로 대도시 보다는 중소 도시, 정시 출발 및 도착, 출발 시간 간격 최소화, 적은비용의 활주로, ticketing 비용 최소화(무인 발매기 이용), 기내서비스 최소화 등을 통하여 국내선만 전문으로 하는 가장 저렴한 요금의 독보적 항공사가 되었다. United Shuttle, Continental Light, US Airways 등 많은 경쟁사들이 모방을 하였으나 사우스웨스트항공은 계속해서 아성을 굳건히 지키는 '작은 거인'으로 군림하고 있다. 그 이후 각 나라 별로 이와 같은 저비용 항공사LCC : low-cost carrier들이 탄생했다. 싱가포르의 Tiger항공, 홍콩의 Oasis, 말레이시아 Air Asia, 호주의 Virgin Blue, 일본의 Skynet Asia, 아일랜드의 Lion Air, 캐나다의 West Jet, 벨기에의 Devon Air, 미국의 Morris Air, Blue Jet, 한국의 진에어 등이 그것이다. 특히 영국의 Easy Jet은 인터넷, 전화로만 예약, 예약번호와 신분증으로만 탑승, 주차 할인, 셔틀버스 제공, 공항 이용료가 적은 소규모 공항 이용 등으로 최소의 요금을 가능하게 하고 있다.

● 틈새 시장 공략한 비스타항공

영화 '아이언맨'의 주인공 토니스타크는 대기업 회장이다. 그는 개인 전용기를 타고 이동하는데, 천연가죽 소재의 푹신한 좌석에 앉아 승무원이 따라주는 샴페인을 마시면서 식사를 한다. 전용기 중앙에는 음료를 제조하는 바bar가 마련되어 있고, 뒤편 공간에는 넓은 쇼파도 있다. 5성급 호텔 스위트룸처럼 꾸며진 기내는 필요에 따라 회의실, 레스토랑, 침실로 변한다.

103

스위스 비스타제트vistajet가 운영하는 전용기는 현실에서 '아이언맨'의 장면과 같은 서비스를 제공한다. 승무원은 고급 패딩 브랜드 '몽클레르'에서 제작한 유니폼을 입고 서빙하며, 세계 최고 스시 레스토랑인 '노부'가 기내식을 제공한다. 특수 잠옷과 허브티, 고급 면 소재 침대 시트와 캐시미어 담요는 기내 '수면 준비 프로그램'의 일환이다. 기내에 은은하게 퍼지는 향은 뉴욕 향수 브랜드 '르라보'가 제작했다.

비스타제트는 하늘의 '우버'처럼 스마트폰 앱으로 출발지와 목적지, 시간을 입력하면 24시간 내로 고객이 원하는 공항에 전용기를 준비한다. 이용료는 시간당 1500만원인데, 30억원을 선불로 내면 200시간 동안 전용기를 원할 때마다 빌릴 수 있는 상품도 판매한다. 해외 출장이 많은 실리콘밸리 기업인과 벤처캐피털VC, 글로벌 기업 최고경영자CEO 등이 비스타제트의 고객이다. 비스타제트는 항공업계에서 틈새시장을 공략, 매출이 매년 20%씩 성장하고 있다. 연간 승객 수는 2017년 기준 5만명이다. 대중이 쉽게 접하지 못하는 틈새시장에서 비스타항공이 성장할 수 있었던 비결은 경쟁사가 눈여겨보지 않은 아시와와 중동, 아프리카 시장에서 기회를 보고 글로벌화를 추진했기 때문이다. 비스타제트는 비즈니스 항공기 운영업체 중에서도 활동 영역이 넓다. 미국 네트제트, XO제트 등은 미국과 유럽도시를 주로 오가지만, 비스타제트는 전 세계 187국, 약 1600개 도시에서 항공기를 운항한다. 2017년 한국 시장에도 진출했다.

(2) 표적시장전략

표적시장이란 기업이 자사의 제품 및 서비스를 제공하려고 결정한 공통적인 욕구와 특성을 지닌 소비자집단을 의미한다. 표적시장을 선택할 때는 세 가지 전략이 가능하다.

단일세분화시장을 선택하는 집중화전략, 각 세분시장별로 마케팅전략을 수행하는 차별화전략, 세분시장별 차이를 무시하고 전체 시장을 하나로 보는 비

차별화전략이 있다. 표적시장의 핵심은 어떠한 기준으로 표적시장을 선별하느냐 와 선택된 표적시장의 욕구와 필요를 정확히 파악하여 문제를 해결할 수 있느냐 이다.

항공사 승무원을 표적시장으로 하는 호텔은 항공사와의 요금약정에 의하여 호텔을 이용하는 항공사 승무원들에게 계약된 객실요금을 부과한다. 이들이 사용하는 객실요금은 비즈니스 FIT고객이 사용하는 객실요금에서 50% 정도를 할인받은 금액이다. 그러나 호텔 측에서는 별도의 추가적인 마케팅비용을 지출하지 않으면서 안정적으로 일정한 객실을 판매할 수 있으며, 특히 비수기의 경우에도 지속적인 객실판매를 보장할 수 있다. 항공사 승무원들이 중요하게 생각하는 속성들을 살펴보면, 이들은 정확한 비행 스케줄을 위한 숙면이 중요하기 때문에 도착 시 체크인이 미리 되어 있어야 하고, 신속한 체크아웃을 중시한다. 또한 햇빛 차단 커튼, Wake-up Call 등이 중요하게 생각되는 속성이다. 이들이 배정받는 객실의 위치는 엘리베이터 등과 멀리 떨어져 숙면에 방해가 되지 않아야 하며, 일반관광객들과는 다른 객실의 층을 배정하는 것이 중요하다.

(3) 포지셔닝전략

포지셔닝이란 기업의 이미지나 제품에 대한 이미지를 소비자의 마음속에 위치시킨다는 뜻으로 소비자의 마음속에 존재하는 무형적인 의미를 갖고 있다. 마케팅에서 기업의 고객은 누구이며(표적시장), 그들에게 어떤 이미지를(포지셔닝), 어떤 방법으로(마케팅 믹스) 인식시킬 것인가는 매우 중요한 의미를 갖는다.

기업은 제품과 서비스에 대한 이미지가 선정된 표적시장에서 가장 좋은 우위를 제공해 줄 수 있는 포지션을 기획하고, 기획된 포지션을 위한 마케팅 믹스를 설계하여야 한다. 항공산업에서의 포지셔닝전략은 타 산업과 비교되지 않을 정도로 막중하며, 이후에 언급될 마케팅 믹스에 포함되는 모든 전략의 근간은 바로 포지셔닝전략에 있다.

에릭eric항공은 '언제나 고객을 큼직한 좌석으로 모십니다' 라는 포지셔닝 성명서로 유명하다. 유나이티드항공의 'Fly friendly skies', 아메리칸항공의 'The world's favorate airline', 싱가포르항공의 'Singapore girl' 등 타 항공사의 포지셔닝 성명서와는 무엇인가 차별화된 포지셔닝이다. 승객이 여행할 때 가장 큰 불편 속성으로 지적하는 좌석의 문제를 충분한 공간으로 해결한다는 것으로 이것은 제공되는 핵심 서비스를 포지셔닝 성명서에 과감히 반영한 것이다.

4. 마케팅 믹스단계

시장에서 마케팅 기본전략이 수립되면 기업은 다음 단계로 마케팅 도구를 마련해야 한다. 이는 표적시장에서 자사의 마케팅 목표를 달성하기 위한 마케팅 믹스를 결정하는 것이라 할 수 있다.

일반적으로 마케팅 믹스는 4P라고 부르며, 제품product, 가격price, 유통place, 촉진promotion으로 구성된다. 그러나 독특한 특성이 존재하는 항공서비스산업에서 4P전략만을 사용하는 것은 적합하지 않다. 따라서 본서에서는 항공서비스산업의 특성과 부합할 수 있는 새로운 마케팅전략을 추가하여 제시하고자 하며, 마케팅 믹스를 실행하는 전략적 도구로 내부마케팅, 관계마케팅, 제품전략, 브랜드전략, 가격전략, 연출믹스, 촉진전략의 7가지로 구분하여 살펴보기로 한다.

1) 내부마케팅

마케팅의 유일한 공식은 고객의 욕구와 필요에 부합하고 동시에 고객의 문제를 해결하는 것이다. 이러한 의의가 내부마케팅에도 그대로 적용되어야 한다.

제조업에서는 마케팅기능이 마케팅부서에 의하여 실시되고 있는데, 그 이유는 다수의 직원이 고객과 직접 만나는 일이 없기 때문이다. 반면 항공서비스 산업에서는 대부분의 직원이 고객과 1차적으로 접촉하면서 마케팅기능의 전부를 수행하고 있다. 따라서 내부마케팅은 종사자들이 최고의 과업을 수행할 수 있도록 종사원을 1차 고객으로 간주하여 마케팅의 모든 것을 적용하는 것이다.

사우스웨스트항공의 CEO Herb Kelleher는 "고객이 항상 옳은 것 아닙니까?"라는 경영 컨설턴트 Tom Peters의 질문에 "아니요. 고객이 늘 옳지는 않습니다. 만약 그렇게 생각한다면, 그것은 사장이 직원을 크게 배신하는 것이 되지요. 고객은 때때로 잘못된 행동을 합니다. 우리는 그런 고객까지 태우고 싶은 생각은 없습니다. 그런 사람들에게는 이런 편지를 보내죠. 다른 항공사를 이용하시고 우리직원을 괴롭히지 마세요" 라고 대답했다. Herb Kelleher는 장기적인 고객 만족은 직원들의 가슴에서 우러나오는 서비스와 봉사 정신에서 나온다는 점을 강조한다. "가슴에서 우러나오는 서비스와 봉사 정신은 직원들을 다그친다고 되는 것이 아니다. 직원들이 그들의 일을 인정해주는 환경에서 일할 때, 자신들이 진정 대접받고 조직으로부터 사랑받고 있다는 사실을 느낄 때 발휘된다. 따라서 직원이 먼저 기업으로부터 최상의 서비스를 받을 때 고객에게 최상의 서비스를 제공할 것이다" 라는 것이 그의 경영 철학이다. 이러한 철학을 바탕으로 '인적 자원 부서human resources department'라는 말 대신 '사람부서people department' 라는 용어를 사용한다. 사람을 인적 자원이라고 부르는 것은 마치 인간을 재무적 자본financial capital이나 물리적 자본physical capital 등과 같이 취급하는 것이라고 생각하기 때문이다. 직원을 최우선 순위에 놓고, 고객이 그 다음, 세 번째가 주주라는 Herb Kelleher의 경영 철학은 지난 30년간 미국에서 주가 상승률 1위라는 실적으로 그 탁월한 효험을 입증했다.

● 채용

내부마케팅은 인재를 채용하는 순간부터 시작된다. 항공서비스산업에서 최고의 서비스를 수행할 수 있는 인재를 채용하는 것은 매우 중요한 일이며, 친근감 있고 예의바른 사람들을 고용해야 한다. 그래서 많은 항공사들이 좋은 서비스 자질과 태도를 갖춘 직원을 선발하기 위해 다양한 프로그램을 적용하고 있다.

스위스항공swiss air은 면접 후에도 5~6시간 동안의 채용과정을 거치고 있다. 이 과정을 통과한 후보자에게 3개월간의 견학 및 실습을 시키고 있다. 잘못된 직원에 대한 재투자보다는 초보자라도 제대로 된 직원에 투자하는 것이 바람직하다는 경영철학을 실천하고 있는 것이다.

싱가포르항공은 객실승무원 면접에서 티 파티tea party를 진행한다. 티 파티는 싱가포르항공 직원들과 호텔에서 그룹별로 담소하며 진행되는 면접 방식이며 지원자의 서비스자질과 태도 그리고 사교성 등을 체크하고 있다.

● 교육과 트레이닝

항공사 내부마케팅에서 또 하나의 핵심부분은 종사원의 교육과 트레이닝이다. 기업이 종사원을 합리적으로 선발해 채용하였다고 반드시 유능한 인재를 확보한 것은 아니다. 신입직원의 경우 직무에 적합한 전문적인 교육 및 훈련이 미비한 경우가 많기 때문에 해당직무에 적응하고 기업문화에 바로 적응하기는 쉽지 않다. 따라서 기업에서는 선발된 직원들이 내재된 능력을 발휘할 수 있도록 채용 이후에도 다양한 교육훈련을 실시한다.

항공업계에서는 아시아나항공이 자사직원들의 서비스교육뿐만 아니라 2007년부터는 외국항공사 승무원들의 위탁교육까지 실시함으로써 항공 서비스의 한류바람을 일으키고 있다. 블라디보스톡항공, 사할린항공, 몽골항공 등 외국항공사 승무원들이 안전교육을 이수하였고, 최근 5년 동안 1,500여 명의 외국항공사 승무원들이 서비스교육을 이수하였다. 아시아나항공의 서비스 교육

수준은 국제민간항공기구와 국제항공수송협회 등 국제항공업계로부터 인정을 받고 있다.

2) 관계마케팅

오늘날 많은 항공사들은 마케팅 핵심요소를 거래마케팅으로부터 관계마케팅으로 이동시키고 있다. 항공서비스산업에서는 서비스품질을 결정하는 가장 핵심적 요소가 인간의 상호작용, 즉 관계이기 때문이다. 이에 따라 관계마케팅은 고객을 자산으로 생각하고 고객을 보호하는 마케팅으로 고객을 창출하고 장기적 가치를 제공해 가며 그 관계를 지속적으로 유지하는 마케팅이다. 고객과의 좋은 관계를 유지하는 것이 항공사의 사활을 결정한다고 할 수 있다. 서비스기업의 대고객활동과 관계마케팅의 중요성은 아무리 강조해도 지나치지 않을 것이다.

관계 마케팅의 모범 사례인 스칸디나비안항공의 사례는 다음과 같다.

(1) 진실의 순간 MOT : the moment of truth

1970년대 말 석유 파동으로 인해 세계 항공 업계는 큰 시련을 맞이하였다. 17년간 연속해서 흑자를 기록하였던 Scandinavian Airlines 이후 SAS에서도 1979년과 1980년 2년 동안에 3,000만불의 적자가 누적되었다. 이러한 위기 가운데 39세의 Jan Carlzon이 이 항공사의 사장으로 취임하였다. 고객이 직원들과 접하는 처음 15초 동안의 짧은 순간이 회사의 이미지, 나아가 사업의 성공을 좌우한다고 강조한 Carlzon 사장은 1년 만에 적자를 흑자로 바꾸었다. 뿐만 아니라 SAS는 1983년 '올해의 최우수항공사'로, 1986년에는 '고객 서비스 최우수 항공사'로 선정되었다. SAS가 단숨에 위기를 극복하고 최우수 항공사로 도약한 비결은 무엇일까?

● 마주치는 5,000만번의 결정적 순간과 MOT

SAS는 스웨덴sweden, 덴마크denmark, 노르웨이norway 3개국의 민간과 정부가 공동으로 소유하고 있는 항공사이다. Carlzon은 MOT라는 새로운 개념을 도입하여 위기에 빠진 회사를 구하고 서비스 품질 경영의 전설적 신화를 창조하였다. MOT란 Spain의 투우 용어인 'Momento De La Verdad'를 영어로 옮긴 것인데 Spain의 마케팅의 학자인 Norman이 서비스 품질 관리에 처음 사용했다. 원래 이 말은 투우사가 소의 급소를 찌르는 순간을 말하는데 '피하려 해도 피할 수 없는 순간', 또는 '실패가 허용되지 않는 매우 중요한 순간'을 의미한다. 따라서 MOT란 '진실의 순간' 이라는 통상적 번역보다 '결정적 순간' 이라는 말이 더 적합하다.

1986년 SAS에서는 대략 1,000만 명의 고객이 각각 5명의 직원들과 접촉했으며, 1회 응대 시간은 평균 15초였다. 따라서 1년 동안 고객의 마음속에 회사의 인상을 새겨 넣는 순간들이 5,000만 번 있었다. Carlzon은 이 15초 동안의 짧은 순간순간이 결국 SAS의 전체 이미지, 나아가 사업의 성공을 좌우한다고 이야기하면서, 이 순간들이야말로 SAS가 최선의 선택이었다는 것을 고객들에게 입증해야만 하는 때라고 강조하였다. 진정한 자산은 만족한 고객들이라는 신념 아래 Carlzon은 SAS를 고객 중심적 기업으로 변화시키는 일에 착수하였다. 가장 대표적 과업은 전통적인 피라미드 조직을 바꾸어 일선 직원들에게 고객의 문제를 해결할 수 있는 권한을 준 것이다.

미국의 사업가 퍼거슨은 호텔에서 나와 Denmark(덴마크)의 수도 Copenhagen(코펜하겐) 공항에 도착했을 때, 비행기 티켓을 호텔에 놓고 온 사실을 발견했다. 항공사의 규칙은 당연히 '티켓이 없으면, 비행기를 타지 못한다'라는 것이었으나 SAS의 여직원은 손님을 안심시킨 뒤, 예약을 확인하고 발권을 해 주었다. 그 뒤에 여직원은 호텔에 연락하여 티켓을 찾은 다음, 대합실에서 London행 비행기를 기다리고 있던 고객에게 주었다. 이 일로 인해 퍼거슨은 중요한 계약을 원만하게 해결할 수 있었다. 이를 계기로 퍼거슨은 만나는 수많은 각국 사업가들에게 이 이야기를 적극 선전하고 다니는 고객이 되었다. 그가 공항의 항공사 데스크에서 여직원을 만났던 그 순간이 SAS로서는 '가장 중요한 순간moment of truth'이었던 것이다.

● 비즈니스 출장객을 표적시장으로 하다

Carlzon은 SAS의 회생 전략을 수립하면서 한 가지 분명한 원칙을 정했다. 불경기를 이겨내기 위해 많은 항공사들이 하고 있는 것처럼 비행기를 처분하여 단기적 수익의 개선을 꾀하지 않고 최고의 서비스를 제공함으로써 성장이 멈춘 시장에서 자사의 시장점유율을 높이고 이익을 창출한다는 것이었다. 비용을 최대한으로 줄이고 있는 SAS에서 더 이상의 비용 절감을 추진하는 것은 이미 정지한 자동차의 브레이크를 세게 밟는 것과 같았다.

무엇보다 먼저 바깥 세상에 대한 선명한 그림을 그리고, 그 위에 SAS가 설자리를 정해야 했다. 다시 말해서 새로운 사업 전략의 개발이 필요하였다. 성장이 멈춘 시장에서 수익을 내기 위한 전략으로서 SAS는 '출장이 많은 비즈니스 여행객들에게 세계 최고의 항공사가 된다' 는 목표를 수립하였다. 비즈니스 여행객들은 시장에서 가장 안정된 고객층이다. 일반 관광 여행객들과는 달리 그들은 자신의 마음대로 여행 시간을 선택할 수 있는 폭이 넓지 않다. 좋든 나쁘든 사업상 필요가 발생하면 이동해야 하는 사람들이다. 그러나 이들에게는 특별한 욕구가 있다. 이러한 욕구를 잘 충족시켜 줄 수 있는 서비스를 개발한다면 할인되지 않은 정상 요금으로 그들을 유치할 수 있다.

● 치즈 썰기 방식의 기업 회생 전략은 안된다

당시 대다수의 경영자들은 시장의 요구를 불문하고 모든 부문의 업무 비용을 일률적으로 삭감하는 '치즈 썰기 방식cheese-slicer approach'을 사용하였으나, SAS는 반대의 접근 방식을 택하였다. 치즈 썰기 방식은 불필요한 비용을 잘라내는 데에는 확실한 효과가 있지만 고객이 원하는 서비스까지도 제거하는 경우가 적지 않아. 결국은 경쟁력의 저하로 연결되는 경우가 많았다. SAS 는 모든 자원, 모든 경비, 모든 절차에 대해 면밀히 검토하고 스스로 자신들에 게 물어보았다. "출장이 잦은 비즈니스 여행객들을 모시는 데 실질적으로 필 요한 것인가?" 이러한 노력의 덕분으로 기업을 회생시키기 위한 독특한 전략 계획이 수집되었다. 비용을 삭감하기는커녕. 이사회에 4,500만달러의 추가적 투자와 147개의 다른 프로젝트를 추진하기 위해 필요한 1,200만달러의 운영비 가 증액되었다. 이 새로운 제안에는 광범위한 정시 출발 캠페인, Copenhagen 시내의 교통 개선, 12,000명이 넘는 직원들에 대한 서비스 교육에 소요되는 비 용이 포함되어 있었다.

● Euro Class의 대 성공

SAS의 문제점 중 하나는 first class뿐 아니라, economy class까지도 할인 요 금으로 탑승하는 고객들이 너무 많다는 것이었다. 유럽의 다른 항공사들은 economy class의 정상 요금에 얼마간 요금을 추가하여 business class의 정상 요금만 지불하더라도 재무적 상황이 상당히 호전된다는 것을 알게 되었다. 그 래서 SAS는 유럽 노선에서 first class를 없애버리고 economy class인 Euro Class를 신설하였다. 할인 제도를 유지하기는 하였으나 비즈니스 여행객들에 게 초점을 맞추었으므로 초기에는 적극적으로 판촉에 이용하지 않았다.

우선 Euro Class와 다른 class의 차이가 눈에 보일 수 있도록 이동식 칸막이 를 이용하였다. 공항 터미널에서는 전화와 텔렉스 서비스 시설을 갖춘 쾌적한 전용 대합실을 마련하였다. 또한 별도의 탑승 수속 창구, 보다 안락한 의자, 보다 나은 식사를 제공하였다. 서비스 수준에서 역시 Euro Class를 차별화시켰 다. 일반 관광 여행객들의 탑승 수속에는 10분이 소요되었지만 Euro Class 승 객의 경우는 6분으로 단축되었다. 비즈니스 여행객들이 비행기에 가장 늦게 타고, 가장 빨리 내릴 수 있도록 배려하였다. 또한 일반 승객들보다 기내식을 먼저 서비스 할 수 있도록 하고, 술과 신문 및 잡지를 무료로 제공하였다.

성과가 나타나기까지는 그리 오랜 시간이 걸리지 않았다. Euro Class 도입 첫 해에 2,500만달러, 이듬해에 4,000만달러의 수익 증가를 목표로 했는데, 세계 항공 시장의 극심한 불황 속에서도 첫 해에 8,000만달러의 수익이 증가되었다. 수익 외의 다른 측면에서도 뜻깊은 성과가 있었다. 1983년 8월 Fortune지가 실시한 조사에서 SAS는 비즈니스 여행객들을 위한 최고의 항공사로 선정되었으며, 같은 해에 Air Transport World지에 의해 올해의 최우수 항공사로 선정되는 영예를 안았다.

여기서 한 가지 짚고 넘어갈 사항은 비즈니스 여행객들에 초점을 맞춘다는 전략이 일반 관광객 시장을 외면하거나 무시한다는 것을 의미하지 않는다는 사실이다. 현실은 그 반대이다. 여기에는 한 가지 중요한 역설paradox이 존재한다. 비즈니스 여행객들에게 집중하면 할수록 일반 관광 여행객들은 보다 더 저렴한 요금으로 확보할 수 있다는 것이 그것이다. SAS에서는 비즈니스 여행객들이 선호하지 않는 날짜나 출발 시간이 있기 때문에 좌석이 빌 때가 자주 있었다. 그러나 비즈니스 여행객들이 지불하는 정상 요금만으로도 비행기 운항에는 아무런 지장이 없으므로 일반 관광객들에게는 덤핑 가격으로 빈 좌석을 제공할 수 있었다. 이러한 이유로 인해 SAS는 정상 요금 지불 승객의 비율이 유럽에서 제일 높으면서도, 일반 관광 여행객들에게는 가장 저렴한 항공권을 판매하고 있다.

● 제품 중심 기업과 고객 중심 기업의 차이

1981년 Carlzon이 사장으로 부임하면서 내세운 목표는 '비즈니스 여행객들에게 세계 최고의 항공사가 된다'는 것이었다. 당시 SAS는 대형 단거리 비행용으로 최첨단 기술을 수용한 4대의 에어버스를 인수한 직후였는데, 에어버스 구입에 소용된 비용이 1억 2,000만 달러임에도 불구하고, 추가적으로 8대를 더 주문해 놓은 상태였다. 승객수가 매년 7~9% 성장하고, 또한 화물 운송량도 같은 속도로 늘어날 것이라는 예측을 전제로 에어버스에 대한 구매 결정이 내려

113

졌지만, 예상치 못한 석유 파동으로 인해 세계 경제가 불황의 늪에 빠져들고 시장은 얼어붙었다. 따라서 고객들이 바라는 것처럼 스칸디나비아scandinavia 와 유럽 대륙에 있는 여러 도시들을 직항으로 연결하기에는 적당하지 않았다.

고객인 비즈니스 여행객들의 입장에서 이 문제를 바라보아야 했다. 스톡홀름stockholm이나 스칸디나비아 도시에 근무하고 있는 비즈니스 여행객들은 어떠한 생각을 갖고 있을까? 운항 중인 비행기 편수가 적어서 코펜하겐 copenhagen을 경유하더라도 최신 대형기종인 에어버스를 이용하고 싶을까? 아니면 그들이 근무하고 있는 스칸디나비아에서 유럽대륙의 목적지까지 중간 경유지 없이 논스톱으로 연결하는 직항편을 선택할 것인가? 대답은 의외였다. "에어버스를 예비기로 돌리고 DC-9를 사용하라"고 Carlzon이 지시하였다. Carlzon의 지시를 받은 직원들은 깜짝 놀랐다. 그것은 마치 새로운 공장을 건설해 놓고 준공식장에서 폐쇄하라고 명령하는 것과 다를 바가 없었다.

그러나 이러한 결정은 현명한 것이었다. Carlzon은 에어버스가 좋지 않다고 말한 것이 아니다. 에어버스 자체는 분명히 우수한 기종이다. 제한된 시장에서 비즈니스 여행객들을 유치하여 경쟁력을 확보하기 위해서는, 논스톱으로 목적지에 도착할 수 있는 직행편을 빈번하게 운항시켜야 하지만, 그것을 실행하기에는 에어버스가 너무 대형이었다. 비록 에어버스가 SAS의 정규 노선에 투입되지는 않았지만 임대용 전세기로 사용되었다.

에어버스의 구입에 관한 이 사례는 제품 중심의 철학이 어떻게 다른지를 잘 보여주고 있다. 전통적인 제품중심의 기업은 생산이나 투자를 먼저 한 후에 그것의 운용을 설비에 맞추려 한다. 이러한 사고방식은 항공산업의 상장 초기에는 별 문제 없이 통용되었다. 그 시절에는 승객들이 어느 정도의 불편을 감수하더라도 진기한 경험을 하고자 했으며, 신형 비행기의 성능 향상도 매우 빠르게 진행되었다. 또한 한 나라를 대표하는 국적기라는 생각이 있었기 때문에, 시간이 더 걸리고 다소 불편함이 있더라고 자기 나라 비행기를 이용하는 것이 애국심을 표현하는 수단이 되기도 하였다. 그러나 이제는 사정이 달라졌다. 비즈니스 여행객들은 먼저 자신의 일정 계획을 세우고, 그 일정에 가장 편리한 항공편을 예약한다. 이러한 시장 환경 하에서는 여러 직항 노선을 빈번하게 움직일 필요가 있다. '비즈니스 여행객들에게 세계 최고의 항공사가 된다'는 목표를 정한 SAS로서는 이것이 무엇보다 중요한 경쟁 변수였던 것이다.

● SAS의 사례가 주는 교훈

오늘날 서비스 품질 경영의 기본적 용어 중 하나인 MOT는 1987년 Carlzon의 'Moments of Truth'란 책이 발간되고 나서 급속히 보급되었다. MOT의 개념을 제대로 적용하기 위해서는 다음과 같은 두 가지 측면을 특히 주목하여야 한다.

① MOT 사이클 전체를 관리해야 한다.

서비스의 품질 관리에서 MOT 또는 결정적 순간이란 '고객이 조직의 일면과 접촉하는 접점으로서, 서비스를 제공하는 조직과 그 품질에 대해 어떤 인상을 받는 순간이나 사상'을 말한다. 일반적으로 MOT는 고객이 직원과 접촉하는 순간에 발생하지만, '광고를 보는 순간'이나 '대금 청구서를 받아 보는 순간' 등과 같이 조직의 여러 자원과 직접 또는 간접적으로 접하는 순간이 될 수도 있다. 이 결정적 순간들이 하나하나 쌓여 서비스 전체의 품질이 결정된다. 따라서 고객을 상대하는 직원들은 고객을 대하는 짧은 순간에 최선의 선택을 하였다는 기분이 들도록 만들어야 한다.

고객과의 접점에서 발생하는 MOT가 특히 중요한 이유 중 하나는 고객이 경험하는 서비스 품질이나 만족도에는 소위 '곱셈의 법칙'이 적용된다는 점이다. 즉 여러 번의 MOT중 어느 하나만 나빠도 한 순간에 고객을 잃어버릴 수 있기 때문에 MOT 사이클 전체를 관리해야 한다. SAS는 고객의 욕구를 충족시킬 수 있는 서비스 개발에 4천만 달러를 투자하여 150가지의 신아이디어를 실천하였다. 한 가지를 100% 잘하는 것보다 100가지를 경쟁사보다 1% 더 잘하는 것이 SAS의 목표이다. 흔히 무시되고 있는 안내원, 경비원, 주차 관리원, 상담접수원 등과 같은 일선 서비스 요원들의 접객 태도가 회사의 운명을 좌우할 수 있다. 사실 MOT 하나하나가 그 자체로서 서비스 제품인 것이다.

② MOT도 고객의 시각에서 관리해야 한다.

서비스 제공자가 빠지기 쉬운 일반적 함정 중 하나는, 자신이 해당 분야의 베테랑이기 때문에 고객의 기대와 요구를 고객 이상으로 잘 알고 있다고 생각하는 것이다. 그러나 서비스 제공자의 논리와 고객의 시각이 일치하지 않는 경우가 허다하다. 이미 살펴 본 SAS의 에어버스 구매 사례도 여기에 속한다.

(2) 관계마케팅 / 고객 데이터베이스 마케팅

데이터베이스 마케팅DBM : data base marketing은 고객이 자사제품을 사용하는 것에 대해 마치 사람이 태어나서 성장하고 발전하는 것과 같은 개념으로 고객을 기록하고 분류하는 것이다. 즉 고객의 정보를 기업 내부의 DB시스템에 정보화하고 구축된 정보를 가지고 고객과 접촉하여 고객만족을 실현하는 것이다. DB화의 기본전략은 고객의 기념일이나 취미, 특기, 구매, 가족구조, 라이프스타일부터 고객접점의 불만사항까지 DB화하여 고객을 이해하고 고객과 장기적인 관계를 구축하는 것이다. 기업은 축적된 DB자료를 통해 비수기에 고객에게 항공권 할인정보를 제공한다거나, 기념일에 꽃배달이나 축하편지를 발송함으로써 고객의 충성도를 높이고 더 나은 수익을 창출할 수 있다.

미국의 델타항공사는 데이터베이스 마케팅을 잘 활용하는 것으로 알려져 있는데, 예를 들어 출발 전에 탑승객에 대한 자료를 파악하여 승무원에게 전달해 주면, 승무원은 고객이 좋아하는 와인과 식사, 그리고 취미까지 고려해 고객에게 감동을 안겨 주는 서비스를 하고 있다. 최근 들어서는 항공서비스 산업뿐만 아니라 여타 산업까지 데이터베이스 마케팅을 도입하여 실행하고 있다.

(3) 관계마케팅 / 고객충성도 프로그램

고객충성도 프로그램은 고객과의 거래를 지속적으로 기록하고 구매량에 따라 인센티브를 제공함으로써 자사상품의 구매빈도를 높이는 항공사 마일리지 프로그램이 대표적이다. 항공사 마일리지 프로그램은 기존의 우량고객을 우대하는 것에 중점을 두는 것이 보통이다. 이러한 전략은 항공사 같이 고객 개개인을 상대하면서 고객의 거래기록이 업무수행과정에서 자연스럽게 축적되는 업종에서 적극 활용되고 있다.

전 세계적으로 '마일리지 프로그램'FTP : frequent traveler program을 도입하여 고객충성도를 가장 성공적으로 유지하고 있는 분야 중 하나는 항공사일 것이다. 거의 모든 대형항공사들은 자체적으로 마일리지 프로그램을 운영하고 있으며, 최근에는 항공사와 항공사 간의 마일리지 제휴나 항공사와 카드사 간 제휴, 항공사와 호텔 간 제휴, 항공사와 레스토랑 간의 전략적 제휴를 통해 고객들의 마일리지 사용에 대한 혜택을 확대하고 있다.

국내에서는 대한항공이 '스카이패스'를 운영하며, 아시아나항공에서도 마일리지 프로그램을 운영하고 있다. 국내를 운항하는 외국계 항공사에서는 에미레이트항공의 '스카이워즈'skywards마일리지 프로그램이 성공적으로 운영되고 있다.

(4) 관계마케팅 / 고객의 불평과 만족

항공서비스 산업에서는 고객의 불평에 대한 이해와 대응전략이 매우 중요한데 이것은 불평고객을 충성고객으로 만들 수 있는 기회로 만들어야 하기 때문이다.

고객의 불만처리는, 첫째, 불평을 쉽게 할 수 있도록 해야 한다. 어떻게, 어느 장소에서, 누구에게 하여야 하는가를 충분히 공지하여 고객의 불만 표출의 자유를 극대화시켜야 한다. 둘째, 불평이 제기되었을 때에는 신속히 해결하여야 한다. 셋째, 합리적 불만이 제기되었을 때에는 무조건 해결하여야 한다.

117

아메리칸항공american airlines에서는 불만에 대응하기 위한 700가지의 내부 규정이 있다. 2009년 한 고객이 YouTube에 'UA가 부숴버린 내 기타'라는 제목으로 동영상을 올렸다. 유나이티드항공이 몇 달 동안 그 고객의 보상 요구를 무시한 결과였다. 이 내용 때문에 많은 인터넷 이용자들이 Facebook, Twitter 등의 SNSsocial networking service를 통해 많은 동영상을 알렸고 그 결과 2009년 미국 항공사 중 정시 도착률 1위(92.6%)를 차지하였음에도 불구하고 2009년말 불과 45,000여 명의 follower만을 보유하고 있었다. SNS활동에 있어서 모범으로 알려져 있는 사우스웨스트항공의 100만명이 넘는 follower와 비교할 때 그 여파가 어느 정도였는지 짐작이 갈 것이다. 2009년 사우스웨스트항공은 92.0%의 정시 도착 비율(2위)임에도 불구하고 긍정적 메시지에 있어 85%에 육박한 반면 1위였던 유나이티드항공은 60%에 불과했다.

아시아젯트 asia jet

아시아젯트는 개인전용 항공기 대여부터 소유full purchase option까지 차별화된 서비스를 제공하는 항공사이다. 아시아젯트에서는 VVIP들과의 관계 지속을 위해서 회원카드를 통해 더 많은 서비스를 제공하고 부가 혜택을 주고 있다.

119

3) 제품전략

제품이란 기본적 욕구나 2차적인 욕구를 충족시켜 줄 수 있는 효용의 묶음 또는 조합을 의미한다. 효용을 제공함으로써 구입하는 사람의 욕구나 필요를 충족시켜 줄 수 있는 모든 것이 제품의 범주에 포함된다. 따라서 시장에서 교환되고 소비되는 대상은 어느 것이라도 제품이라 할 수 있다.

실제제품actual product은 고객이 제품으로부터 추구하는 핵심적인 혜택을 구체적인 물리적 속성으로 전환한 것이다. 실제제품을 구성하는 요소들로는 제품의 질, 제품의 독특성, 제품 디자인, 포장, 브랜드 등이 있다.

제품의 질product quality이란 제품이 지니는 기능을 발휘할 수 있는 능력으로 제품의 신뢰성, 정확성, 작동편의성, 가격, 내구성 등과 같은 여러 속성들의 결합으로 결정된다. 모든 기업에서는 제품의 품질수준을 높이기 위해 노력하게 되는데, 제품의 품질이 우수할수록 소비자의 상품구매와 재구매를 유도하기 때문이다. 항공서비스산업에서는 제품의 질과 비슷한 용어로 상품의 질과 서비스품질 등이 있는데, 무형적 특성이 강한 환대산업일수록 상품의 질을 높이는 것이 중요하다. 대한항공은 기존항공기의 품질을 월등히 높인 'A380' 기종을 도입함으로써 제품의 질을 혁신적으로 향상시켰다. A380 항공기는 '하늘 위의 특급호텔'이라 불리는 기종으로 크기부터 기존 비행기를 압도한다. 높이는 10층 건물에 해당하는 24m, 무게는 코끼리 112마리에 해당하는 560t이다. 대당 가격은 3억 7,500달러(4,125억원)에 달한다. A380은 복합 소재를 사용해 기체 중량을 줄이고 엔진 효율성을 높여 연료 소모량을 절감했을 뿐만 아니라, 이산화탄소 배출량도 20% 이상 줄인 친환경적인 차세대 항공기다. 또한 대한항공은 B777-300ER 항공기를 통해 최첨단 좌석을 공개했다. B787 차세대 항공기는 기체의 절반 이상이 가벼운 첨단 탄소 복합 소재로 구성되어 있으며, 동급 항공기 대비 연료 효율을 20% 이상 높인 '꿈의 항공기dreamliner'이다. B787은 기존 항공기보다 65% 더 커진 창문 등 인체공학적 기내 인테리어로 기내 환경을 획기적으로 향상시켜 승객들에게 보다 안락하고 쾌적한 여행을 제공한다. 대한항공의 이 좌석은 지금까지 항공기 좌석의 패러다임을 바꾸는 전환점으로 평가되는데 과거의 좌석들이 기성복처럼 좌석 제조업체가 만든 것을 구입해 장착했다면, 대한항공의 새로운 좌석은 직접 디자인하고 승객 요구 사항을 모두 반영한 '맞춤형' 이라는 것이 특징이다. 차세대 명품 좌석으로는 1등석에 장착되는 'Kosmo Suites'를 비롯해 프레스티지석에 사용되는 'Prestige Sleeper', 일반석용인 'New Economy' 등이 있다. 이 밖에 대한항공은 최고의 기내 엔터테인먼트 시스템 구현에도 심혈을 기울이고 있다. 대표적인 것이 전좌석 주문형 비디오 오디오 시스템AVOD이다. 이 시스템은 네트워크 환경이 업그레이드된 다양해진 영상들과 3D 게임 등의 다양한 콘텐츠를 DVD급의 생생한 화질과 큰 모니터로 더욱 박진감 넘치는 음질로 즐길 수 있도록 한 것이 특징이다.

대한항공 korean air

대한항공은 기존항공기의 품질을 월등히 높인 A380 기종을 도입하여 제품의 질을 혁신적으로 향상시켰다. 대한항공은 A380에 코스모 스위트kosmo suites 좌석을 설치해 명품 항공사의 이미지를 이어가고 있다. 대한항공의 일등석은 코스모 스위트, 코스모 슬리퍼 시트(코쿤형 좌석), 일등석 슬리퍼 시트, 일반 일등석 등 네 종류로 구분된다. 코스모 스위트는 기존 일등석보다 간격이 15.3cm 늘어났으며 최근 다수의 항공사에서 일등석에 도입하는 개인 룸 형식의 좌석이다. 좌석 간 간격은 211cm, 좌석 너비 67cm, 23인치 LCD 모니터가 부착되어 있으며 좌석의 제작 비용은 2억 5천만원 선이다.

4) 브랜드전략

브랜드의 본질적인 목적은 기업의 제품을 다른 기업의 것과 구별하기 위한 것으로 제품전략과 함께 매우 중요하다. 시장에서 제품의 개념을 확장함으로써 차별화하는 것이 항상 가능한 것은 아니다. 만약 제품 그 자체도 더 이상 차별화하기 어렵고 제품의 개념을 확장하는 것도 어렵다면 어떻게 해야 할까? 그 해답은 바로 브랜드에 있다. 제품이나 기술은 모방할 수 있지만, 브랜드는 모방할 수 없기 때문이다.

(1) 브랜드의 역할과 중요성

브랜드의 본질적인 역할은 기업의 제품을 다른 기업의 것과 구별하기 위한 것이다. 브랜드는 제품의 이름, 슬로건, 심벌 등의 요소로 구성되는데, 고객들은 이것을 특정한 기업이나 제품을 식별하는 메커니즘mechanism으로 활용한다. 이처럼 고객들로 하여금 자사의 제품과 경쟁사들의 것을 명확히 구별하도록 하는 것은 마케팅에서 매우 중요하다.

브랜드는 21세기 소비자에게 기능적 만족뿐만 아니라 사회 문화적 관계에서도 자기 소비에 대한 확신을 제공해주는 보증적 역할을 해주면서 새로운 가치를 만들어 내고 있다.

항공서비스산업에서는 영국항공british airways이 비즈니스 클래스 좌석을 'Club Class'로, 이코노미 클래스 좌석을 'World Traveler'로 브랜드화 하였다. 이코노미 클래스 고객들도 소홀히 취급하지 않고 있다는 사실을 브랜드로 구체화시킨 것이다. 이처럼 환대산업에서 브랜드가 중요한 이유는 그들의 서비스를 차별화하고 시각화하여 가치를 드러내기 때문에 서비스기업 자체의 브랜드가 큰 의미를 갖게 되는 것이다.

(2) 브랜드 네임

기억하기 쉬운memorability브랜드네임 사용이란 소비자가 구매시점에서 해당 브랜드를 얼마나 잘 상기recall시키고 인식하는 데 용이한가를 의미한다. 예를 들어 에미레이트항공, 대한항공, 아시아나항공, 아메리칸항공 등은 한 번 들으면 기억하기 쉬운 브랜드이다.

기억이 잘 되는 브랜드 네임을 선택하는 것도 중요하나 소비자에게 브랜드가 제품군보다 넓은 의미를 갖도록 만드는 것 또한 중요하다. 설명적인 상호는 속성 및 혜택의 강화를 보다 용이하게 만들 수 있다.

미국 동부 해안을 운행하였던 키위항공kiwi international airlines은 출범 후 4년 만에 비행할 수 없게 되었다. Kiwi는 뉴질랜드의 날지 못하는 새의 이름이다. 항공사로서는 전혀 납득할 수 없는 브랜드 네임인 것이다.

(3) 유연성

한 기업이 제공하는 서비스의 속성과 영역은 영원하지 않기 때문에 브랜드도 유연성flexibility있게 변화해야 한다. 예를 들어 미국의 '앨리게이니항공' allegheny air의 경우 앨리게이니 지역을 중심으로 활동하고 있었는데, 신항로 개척에 대한 규제가 풀리고 미국전역으로 활동범위를 넓히면서 '유에스항공'us airways으로 브랜드를 변경하였다.

(4) 슬로건

슬로건slogan은 압축된 문장으로 브랜드 네임을 표현하여 브랜드 인지도를 높이는 데 기여한다. 또한 슬로건은 브랜드 아이덴티티를 직접적으로 문장화하여 브랜드 주체가 약속하고 정의하는 정체성 메시지를 소비자들에게 전달한다. 기업의 슬로건은 비전 미션 사명서와도 밀접하게 연결된다. 먼저 기업은 브랜드가 추구하는 비전vision을 수립한다. 다음으로 이 비전을 바탕으로 비전을 실행시키는 행동수칙을 기술하는 미션mission이 만들어진다. 그리고 이러한 세부실행들을 바탕으로 내부 및 외부의 관계자들에게 알리기 위한 사명서mission statement가 작성되고, 최종적으로 기업의 아이덴티티를 대내외적으로 알리기 위한 슬로건이 짧게 정리되어 한 문장으로 만들어진다.

항공서비스산업에서는 대한항공이 2004년 창사 35주년을 기념하면서 세계 항공업계를 선도하는 글로벌 항공사라는 비전 아래 'Exellence in Flight'라는 새로운 슬로건을 선언하면서 선진항공사로 성장한다는 의지를 보여 주었다. '탁월한 비행'이라는 슬로건 선포와 함께 승무원의 유니폼도 현재의 유니폼으로 바꿨다. 아시아나항공에서는 2011년 창사 이래 처음으로 고객과 늘 함께한다는 뜻으로 'Always with You'라는 서비스 슬로건을 선언하였다. 타이항공의 'Smooth as silk'(비단결처럼 부드러운)는 창사 이래 계속 되어온 타이항공의 슬로건으로써 태국 전통 실크의 부드럽고 화려한 이미지에 부합하고자 하는 타이항공의 항공기 운항 및 서비스 전반에 걸친 노력을 승객들에게 심어주고 있다.

(5) 브랜드 확장

만족스러운 구매경험과 브랜드 선호도를 축적한 브랜드는 소비자로부터 '충성도'라는 가치를 부여받게 된다. 브랜드 충성도란 '고객이 가지고 있는 특정 브랜드에 대한 애착의 정도'인데, 이는 다른 경쟁자의 침투공격을 막는 심리적 장벽을 구축하여 브랜드에 대한 특별한 교감을 발생하게 한다.

브랜드 충성도를 측정하는 기준은 고객의 '반복구매' 정도이다. 과거의 만족스러운 경험을 통해 반복구매의사를 가지게 되고, 더불어 기업으로부터 인센티브가 주어진다면 반복구매는 더 강력해진다. 예를 들어 항공사에서는 고객의 충성도를 유지하기 위해 마일리지mileage프로그램을 운영하고 있다. 대한항공에서는 스카이패스skypass, 아시아나항공에서는 클럽 아시아나asiana club, 홍콩 캐세이패시픽항공은 마르코폴로marcopolo프로그램을 운영하고 있다. 이러한 경우 특정 항공사에서 마일리지를 제공받으며 만족스러운 서비스경험을 했다면 다른 항공사를 이용하지 않을 것이다.

(6) 브랜드 리뉴얼

소비자 기호가 변화하거나 기술혁신에 의한 신기술의 등장으로 사업 환경이 변화하여 기존 브랜드 가치가 약화되거나 브랜드 이미지의 노후화 문제가 발생했을 때 브랜드 리뉴얼전략이 요구된다. 즉 브랜드에 대해 인지도가 낮아졌거나 사업의 범위가 확대되었지만 기존의 브랜드가 너무 제한되어 있어 소비자의 인지적 측면에서 문제가 발생했을 때 새로운 CI를 도입하여 신선한 브랜드 이미지를 구축해야 한다.

영국의 대표 항공사인 브리티시항공british airways의 CI는 심벌과 로고 그리고 이름마저도 영국적인 색깔이 묻어난다. 이렇게 항공사의 성격이 명확히 드러난 성공적인 CI는 총 두 번의 리뉴얼 결과이다. 브리티시의 전신인 BOAC : british overseas airways corporation는 Concord, Air Russia, World Traveller, BEA, Brymom 등 연관성이 없는 각기 다른 브랜드명을 사용하고 있었다. 그러나 내부 브랜드들의 수가 늘어나면서 회사의 정체성과 통일성이 없는 각 브랜드명이 제 기능을 하지 못하자 'British Airways'라는 이름 아래 통일된 CI 리뉴얼작업을 하게 되었고, 현재는 50여개 이상의 내부 브랜드에 모두 공통적으로 적용함으로써 산만했던 브랜드구조를 하나로 통일하는 데 성공하였다.

5) 가격전략

자신의 필요와 욕구의 충족을 위해 제품을 구입하려 할 때 소비자는 그에 상응하는 대가를 지불하게 되는데, 이러한 금전적 대가가 곧 기업이 제시한 가격이라 할 수 있다.

따라서 가격은 모든 마케팅 믹스와 전략에 있어서 소비자와의 최종 커뮤니케이션 역할을 수행하며, 제품의 모든 것을 하나의 징표로 보여 준다.

가격전략에서 가장 보편적으로 사용되며 이해하기 쉬운 전략이 촉진가격전략이다. 촉진가격promotion price은 판매촉진의 일환으로서 제품의 양적 판매 증대를 위한 가격의 할인에 근거를 두고 있으며, 비슷한 말로 '고객유인가격'leader pricing이라고도 한다. 즉 항공사에서는 비수기에 한시적으로 상품의 가격을 내려 상품구매를 유도하는 것이다. 홍콩 캐세이패시픽항공의 비수기 홍콩 요금, 타이항공의 비수기 방콕 요금 등이 좋은 예이다.

촉진가격전략의 가장 극단적인 형태는 재고 정리 가격이다.

과거 American Airlines, Northwest Airlines, KLM 등은 비수기시 대서양 횡단 비행 구간에 있어서 1등석을 아예 비즈니스 혹은 이코노미 클래스로 전환시켜 매출액을 증진시킨 적이 있다. 이 경우의 1등석은 재고 정리 가격에 해당된다.

이와는 다르게 일부 항공사에서는 프리미엄가격 및 서비스를 내세우기도 한다.

프리미엄가격은 '조금 비싸지만 고급제품'이라는 브랜드 이미지를 포지셔닝하는 데 가장 적합한 가격전략이다. 프리미엄 마케팅은 '하나를 사더라도 확실한 제품을 구입한다'는 소비자의 합리적 정신에 호소하는 전략이다. 특히 기업들이 기존제품의 고급화 및 차별화를 꾀하거나 가격을 인상할 때 자주 사용한다.

대한항공은 세계에서 가장 큰 여객기인 '에어버스 A380'을 보유하면서 프리미엄 비행을 선언하였다. A380기종의 좌석은 총 407개(1등석 12석, 비즈니스 94석, 이코노미 301석)로 구성되었으며, 2층에는 비즈니스석만 배치하였다. 1층에 위치한 이코노미좌석의 앞뒤 공간은 기존 항공기보다 7.6cm 늘어났으나 기존 가격을 그대로 유지하고 있다. 그러나 비즈니스석의 경우에는 프리미엄가격을 책정하여 판매하고 있다. 인천 LA노선을 기준했을 때, 기존 '보잉 747'보다 편도가격이 80만원 정도가 더 비싸다. 대한항공에서는 프리미엄가격에도 불구하고 인천 LA노선 비즈니스 승객의 탑승률이 증가했다고 발표했다.

6) 연출믹스

무형적 제품과 서비스의 특성을 가지고 있는 항공서비스산업에서는 유형적 단서의 제공을 위해 제품과 서비스를 가시화시킬 수 있는 기법이 요구된다.

이것을 연출믹스라 한다.

　연출믹스 기법의 유형으로는 물질적 설비와 분위기, 위치, 종사원, 고객 등이 있다.

　항공사는 두 종류의 고객을 가지고 있다. 하나는 통상적인 의미에서의 고객으로 외부고객이다. 다른 하나는 항공사의 내부고객이라 할 수 있는 종사원이다. 항공사의 내부고객인 종사원들은 그들 자체가 서비스 상품이기 때문에 항공사의 이미지를 형성하는데 매우 중요한 역할을 하고 있다. 따라서 항공사에서 종사원을 이용한 연출 믹스는 효과가 크다.

　말레이시아항공malaysia airlines은 그들이 가진 최고의 전문 인력을 통해 소비자에게 다가가고 있다. 말레이시아항공은 영국의 항공서비스 전문 평가기관인 '스카이트랙스'에 의해 5성급 항공사로 선정되었다. 5성급으로 선정된 항공사는 전 세계에서 8개 항공사뿐이며, 서비스와 안전부문에서 고객들에게 가장 높은 평가를 받고 있다는 것을 의미한다. 이렇게 세계 최고 수준의 기내서비스로 정평이 난 말레이시아항공은 객실승무원을 통해 항공사의 이미지를 연출하고 있다.

　싱가포르항공 역시 '싱가포르 걸'로 표현되는 자사의 객실승무원을 통해 세계 최우수 항공사로서의 이미지를 연출하고 있다. 싱가포르항공은 '기내식 서비스'를 처음으로 도입한 항공사이며, 1991년에는 인공위성을 통한 기내 전화서비스를 최초로 제공한 항공사이다. 트래블 앤드 레저travel & leisure에 의해 14년 연속 최우수 항공사로 선정되었으며, 17년 연속 월스트리트 저널이 선정한 아시아에서 가장 존경받는 기업으로 선정되어 세계적으로 가장 많은 상을 받은 항공사로도 유명하다. 여러 수상내역에 대한 고객감사 광고에서도 자사의 객실승무원을 이용해 세계 최고 항공사로서의 이미지를 연출하고 있다.

　British Airways는 최초로 장거리 일반석 승객을 위해 신개념의 'World Traveler Class'라는 새로운 기내 class를 출시하였다. 새로운 class는 저렴한 가격으로 보다 넓은 공간과 보다 편안한 서비스를 원하는 장거리 비즈니스 여행객의 요구에 부응하는 매우 독창적인 서비스이다. 이 'World Traveler Class'가 제공하는 주요 서비스 내용으로는, 새로운 인테리어의 전용 객실, 보다 넓은 좌석 및 다리 공간, 노트북 컴퓨터용 전원, 일반석 2배의 기내반입용 수하물, 12개 채널의 개인용 비디오, 추가마일리지 제공, 전화 체크인, 전용 수하물 서비스, 영국 및 유럽 주요 공항에서의 전자 발권 등이다. Air Canada는 승객의 편의를 위해 캐나다 Toronto의 피어슨 공항, Pearson, Montreal-Dorval 공항 등 두 곳에 설치되어 있는 익스프레스 체크인 키오스크kiosk를 통하여 새로운 익스프레스 체크인 서비스를 실시하고 있다. 승객들은 기존의 탑승 수속 절차와 차별화되는 익스프레스 체크인 키오스크를 이용하여 신속하게 공항 탑승 수속을 마칠 수 있다.

대한항공 korean air

대한항공은 2004년 세계 항공업계를 선도하는 글로벌 항공사라는 비전 아래 'Exellence in Flight'라는 새로운 슬로건을 선언하면서 선진항공사로 성장한다는 의지를 보여 주었다. '탁월한 비행'이라는 슬로건 선포와 함께 2005년 이탈리아의 세계적 디자이너 지안프랑코 페레가 디자인한 유니폼을 선보이면서 디자인을 통한 명품 이미지 확립에 박차를 가하고 있다. 항공기 시트 색상 변경, 기내 인테리어 개선, 새로운 비즈니스석 출시, 세련되고 고급스러운 지면·영상 광고 등 거의 모든 영역에 혁신적 디자인을 가미한 명품 항공사 이미지를 연출하고 있다.

7) 촉진전략

촉진은 고객들에게 자사의 상품을 알리고 고객들이 자사상품을 선택하게 하려는 마케팅 커뮤니케이션이라 할 수 있다. 일반적으로 촉진의 목적은 정보를 제공하고inform, 호의적인 태도를 가지도록 설득하며persuade, 최종적으로 소비자행동에 영향을 주어influence 구매를 이끌어 내는 것이다.

일반적으로 촉진전략의 4대 형태는 광고advertising, 홍보PR : public relation, 인적 판매personal selling, 판매 촉진sales promotion으로 구분된다. 광고와 홍보는 2차원적인 매체를 주로 사용하는 커뮤니케이션 촉진수단이며, 인적 판매와 판매촉진은 고객과 직접 만남으로써 촉진하는 전략으로 차이가 있다.

항공사에서의 광고는 주로 신제품 및 서비스에 대한 정보를 전달할 때이다. 항공사에서 새로운 노선을 개발했을 때 그리고 자사 또는 상품에 대한 잘못된 인식을 수정하고 좋은 기업이미지를 형성하려 할 때 광고를 하게 된다.

제주항공jeju air의 경우 국내 저가항공사라는 자사 이미지를 수정하기 위해 정보전달 광고를 사용하고 있다. 제주항공은 애경그룹과 제주도가 공동으로 설립한 한국의 저비용항공사로서 제주도에 기반을 두고 있다. 2006년 6월 5일 제주 김포노선에 첫 취항을 하였으며, 현재는 국내선은 물론, 국제선까지 노선을 확대하여 오사카, 기타큐슈, 나고야, 후쿠오카, 홍콩, 방콕, 마닐라, 호치민 등의 국제노선을 운항하는 국제항공사로 성장하였다. 그러나 아직까지도 대부분의 소비자들은 제주항공이 국내 저비용항공사라는 이미지를 가지고 있는데, 제주항공은 자사 광고에 국제노선을 합리적인 가격에 운항하고 있다는 정보를 소비자들에게 전달하고 있다.

항공사 광고에 어울리는 메시지로서는 이미지, 분위기, 즐거운 느낌 등이 있으며 광고에 행복감, 아름다움, 애정, 환상적인 분위기 등을 연출함으로써 고객의 감성적 반응과 상품에 대한 감정을 동일시하도록 유도한다.

대한항공은 2011년 기업 이미지 광고에 소비자와 직접 연관이 없는 '국제항공 화물편'을 선택했다. 화물편은 문화편과 환경편에 이은 세 번째 기업 이미

131

지 광고이다. 대한항공은 '광고에 등장한 제품을 실제 운송하는 것처럼 연출해서 촬영한 장면으로 대한항공 화물이 대한민국 수출 및 경제발전에 기여하고 있다는 것을 알리는 동시에, 국내 유수의 수출업체들로 인해 대한항공 화물수송부분에서 6년 연속 세계 1위를 기록하고 있다는 것을 알리기 위함'이라고 설명하고 있다.

5. 사후전략

마케팅 계획과 실행단계에서 예상치 않은 많은 일들이 발생하기 때문에 마케팅부서는 지속적으로 마케팅 통제를 실시해야 한다. 마케팅 통제는 마케팅 전략 및 계획의 실행결과를 평가하고 마케팅 목표가 성취될 수 있도록 시정조치를 취하는 것이다. 또한 마케팅 관리자는 마케팅 비용이 잘 사용되고 있는지 확인해야 한다. 지출비용에 상응하여 부가가치를 창출하고 있는지를 지속적으로 측정하는 것이 필요하다.

Airline Strategic Alliance

5

항공사 전략적 제휴

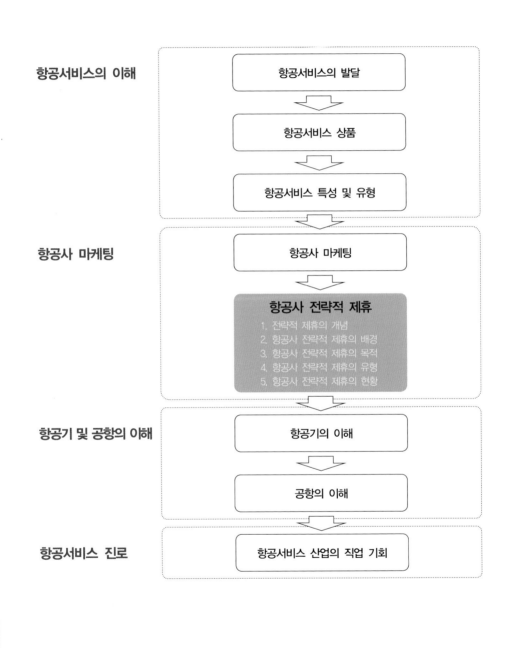

항공서비스의 이해

항공서비스의 발달

항공서비스 상품

항공서비스 특성 및 유형

항공사 마케팅

항공사 마케팅

항공사 전략적 제휴
1. 전략적 제휴의 개념
2. 항공사 전략적 제휴의 배경
3. 항공사 전략적 제휴의 목적
4. 항공사 전략적 제휴의 유형
5. 항공사 전략적 제휴의 현황

항공기 및 공항의 이해

항공기의 이해

공항의 이해

항공서비스 진로

항공서비스 산업의 직업 기회

AIRLINE STRATEGIC ALLIANCE

제5장 항공사 전략적 제휴

제1절 전략적 제휴의 개념

기업 간의 협력관계는 다양한 용어로 정의되고 있는데, 전략적 제휴strategic alliance는 둘 이상의 기업이 경쟁력 제고를 목표로 경영자원을 공유하거나 업무 협력을 일정기간 동안 지속하는 협력관계를 의미한다. 전략적 제휴는 '전략'과 '제휴'라는 두 개념이 결합되어 있는데, 경쟁력 강화, 상호기여 및 보완, 전략적 목표관계에 대한 장기적 참여 등이 '전략적' 요소이며, 복합기업의 참여, 경영자원의 공유, 시장거래와 내부거래 및 합병의 중간형태 등이 '제휴'와 관련된 요소이다.

요시노와 랑엔yoshino & kansan은 전략적 제휴는 첫째, 합의된 목표를 추구하기 위해 결정된 둘 이상의 기업으로서 제휴 형성 이후에도 각각은 독립성을 유지하여야 하며, 둘째, 파트너 기업은 제휴의 이익을 공유하고 주어진 임무의 성과를 함께 통제해 나가야 하고, 셋째, 파트너 기업들의 기술, 제품과 같은 주요 전략 분야에 대해 지속적으로 기여해야 한다는 3가지 요건을 제시하고 있다.

항공사의 전략적 제휴란 항공사의 운송능력을 효율적으로 증대시키고, 운항지역을 확대시킴으로써 제휴 항공사들의 이익창출을 도모하기 위한 항공사간 공동의 자원 활용을 뜻하는 것으로 사용되고 있다. 즉 항공사 제휴는 국제협력의 격화로 말미암아 A기업과 B기업이 제휴하여 C기업에 대항하거나 A와 B가

경영활동의 일부영역에서는 협력하고 타 영역에서는 경쟁을 계속하는 새로운 경쟁전략으로 인식되고 있다. 이를 통해 근본적으로 항공사는 이익 증대와 수요 창출을 도모하고 있으며, 결과적으로 고객들에게 다양한 편익을 제공하여 마케팅 활동을 강화시키고 있다. 특히, 기존고객들은 제휴된 항공사의 상용고객 우대프로그램을 통해 다양한 편익을 제공받음으로써 기존 고객의 이동을 막고 항공사 브랜드 인지도 및 이미지 제고에 긍정적인 영향을 미치고 있다. 따라서 항공사 간의 연계를 통한 전략적 제휴는 증가하고 있으며 이는 기업의 측면에서 뿐 아니라 고객의 측면에서도 긍정적인 효과로 나타나고 있다.

제2절 항공사 전략적 제휴의 배경

세계의 기업들은, 첫째, 강력한 업체들과 효과적으로 경쟁하기 위해 연합전선을 구축하여 글로벌 시장에서 선두주자가 되기 위해서, 둘째, 기업자원의 공유와 시장에서의 위험을 공유하기 위해서, 셋째, 기술과 시장의 급속한 통합에 대응하기 위해서, 넷째, 협력을 통한 신상품 개발로 시장지위 선점을 위해서, 다섯째, 주요 시장 접근과 입지의 확보를 위해서 전략적 제휴에 합류하고 있다.

항공사의 경우 1944년 시카고 회의가 오늘날 항공사 제휴의 기반이 되었다고 볼 수 있다. 이 회의결과 국제민간항공기구ICAO와 국제항공운송협회IATA 등 항공산업 전반의 공동 협력체가 탄생하였다. 이들 기구는 정보와 자원을 공유하는 것이고, 본질적으로 항공산업을 조화시키는 것을 목적으로 하였다. 1970년대 말부터 항공사 업무의 환경은, 급증하는 정보기술과 기업이미지에 대한 투자, 새로운 시장 개척과 유지 등으로 강한 압박을 받게 되었다. 이에 대한 해결책의 하나로 제시된 것이 항공사간의 전략적 제휴이다. 세계 항공운송산업은 1980년대 후반부터 국제선 수요가 경제의 세계화, 냉전체제의 붕괴 등으로 인해 급격히 성장하였다. 국제선 시장이 급성장하게 되자, 국가 간의 항공시장 노선권 확대에 대한 관심이 주요 쟁점화 되었다. 또한 자국의 항공사를 민영화하기 시작하면서, 경쟁 환경에서의 기업운영을 위한 전략적인 대책으로서 제휴의 형태가 제시되었다. 또한 1990년대 초의 항공사는 순환적인 경기불황과 경영에 있어 과중한 손실에 대한 대응책으로 신규 서비스를 늘리거나 더 많은 항공기를 구입할 필요 없이 파트너 항공사를 통해 운항지역을 확장할 수 있는 항공사간의 제휴가 필요하게 되었다.

전 세계의 항공사들은 수요측면에서 특정노선에서의 수요가 충분하지 않아 수익을 올릴 수 없는 경우, 특정노선에서 타사와 공동운항(코드공동사용)을 통해 비용을 절약하고, 수익성을 개선하며, 운항편수를 증대시키는 효과를 가져 오는 전략적 제휴를 택하게 되었다. 공급측면에서는 양사의 제휴로 인해 노선망이 확대됨에 따라 범위의 경제(취항지 수가 증대되어 발생하는 이득)와 밀도의 경제(취항노선 내에서 운항편수가 증대되어 발생하는 이득)가 실현될 수 있어 마케팅측면에서 우위를 선점, 확보할 수 있는 전략적 제휴의 형태를 취하게 되었다. 전략적 제휴가 항공사에 필요하게 된 이유는 첫째, 직접적으로 세계시장 및 국내시장에서 비슷한 경쟁력을 가진 항공 기업들이 기업 내부의 자원만으로는 경쟁우위를 확보하기가 점차 어려워지자 외부 자원의 활용이 필요하게 되었기 때문이며, 둘째, 기술의 거대화, 첨예화, 복잡화에 따라 투자 규모와 위험도가 급증하고 하나의 항공 기업이 모든 분야에서 우위를 유지하는 것이 불가능해졌기 때문이다.

따라서 기존의 항공사들은 전략적으로 다양한 측면에서 타 항공사와의 제휴를 확대해 나가면서 수요 창출 및 수익성 증대를 향상시키기 위해 노력하고 있다.

원월드 one world

항공업계의 지형이 전략적 제휴로 인하여 급변하고 있다. 항공사 생존경쟁에서 우위를 점하기 위한 항공사들의 전략에서 승객은 변하지 않는 위치를 누리고 있으나, 여행사는 그렇지 못한 것으로 나타나고 있다. 항공권에 대한 여행사의 수익구조는 매우 단순하다. 항공권 발권으로 인하여 해당항공사로부터 받는 판매금액net의 9% Commission이 여행사 수익의 많은 부분을 차지하고 있으나, 최근에는 항공사 커미션이 7%~5% 대로 인하되고 있으며, 일부 항공사에서는 no commission 제도를 시행하고 있어 여행사 생존이 위태롭다고 할 수 있다. 또한 인터넷의 발달로 항공사들은 자사 홈페이지를 통해 저렴하게 판매를 병행하고 있어 여행사로서는 이중고를 겪고 있다.

영국항공과 아메리칸항공이 중심이 된 원월드one world는 대서양을 연결하는 미국~영국 노선의 60%이상을 점유하고 있다.

제3절 항공사 전략적 제휴의 목적

세계의 기업환경이 급변하고 글로벌화 되어가는 시대에서 기업들은 경쟁력 강화를 위해 단독으로 시장 경쟁에 참여하기보다는 제휴라는 기업 간 연합의 형태로 시장에 참여하고 있다. 특히 항공운송 산업분야에 있어서 전 세계적으로 노선을 구축하고자 하는 항공사들은 상호간의 제휴와 합병을 통해 국경을 초월한 항공운송 사업을 전개해 나가고 있다. 그 결과 전 세계적으로 글로벌 항공사가 형성되어가고 있으며, 여기에서 제외된 기타의 항공사들은 지역별 틈새시장 항공사로 형성되는, 이른바 국제 항공운송업의 이원화 현상이 나타나고 있다. 따라서 항공사들은 세계시장에서 기업 생존과 경쟁을 위해 전략적 제휴를 맺고 있다. 항공사 전략적 제휴의 근본적인 목적은, 첫째, 타 항공사의 노선망을 이용한 운항횟수 및 운항노선의 증대에 있다. 이는 항공편명 공동사용code share을 통해 승객의 노선이용에 편리함을 도모하고 있고 이것은 항공사 제휴의 가장 큰 장점이라고 할 수 있다. 둘째, 경쟁우위를 통해 타 항공사의 시장진입을 견제함에 있다. 항공사 간의 제휴는 기존의 노선을 공유함으로써 새로운 항공사의 진입을 견제할 수 있다. 셋째, 기업 간의 제휴는 노선확대와 타 항공사의 시장 진입을 견제함으로써 각 항공사의 수익증대와 비용절감을 이룰 수 있다. 고객의 측면에서는 노선 이용의 편리함과 더불어 제휴 항공사의 다양한 혜택을 누릴 수 있다. 넷째, 기존고객 유지 및 고객 수용 창출을 이끌어낼 수 있다. 기존 고객의 이동을 방지하고 새로운 노선에 대한 수요 창출을 통해 항공사의 수익증대를 가져올 수 있다. 다섯째, 항공사의 브랜드 이미지 강화 및 마케팅 능력 강화이다. 특히, 항공사 간의 제휴는 각 항공사의 상용고객 우대프로그램을 통해 상용고객에 대한 다양한 혜택을 제공함으로써 항공사의 마케팅 능력을 강화시키고 자사의 브랜드 이미지 및 인지도 향상을 제고하고 있다. 항공사 간의 전략적 제휴는 각 항공사 브랜드의 이미지를 더욱 견고하게 하거나 항공사 간의 우호적인 이미지를 상승시키는 효과를 보여

주기도 한다.

제4절 항공사 전략적 제휴의 유형

기업 간 제휴에 관한 연구에서 제휴유형 및 분류기준은 학자마다 많은 차이를 보이고 있다. 협력분야에 따른 분류로 첫째, 수평적 - 수직적 제휴, 둘째, 단방향 쌍방향 제휴를 들 수 있으며, 결합도 또는 상호의존성에 따라 분류하기도 한다. 그러나 항공사의 전략적 제휴에는 크게 3가지 범주로 구분하고 있는데, 첫째, 노선제휴route-by-route specified alliance, 둘째, 노선제휴를 포함하면서 마케팅까지 협력의 대상으로 하는 포괄적인 마케팅 제휴broad based commercial alliance, 셋째, 지분투자를 포함하는 자본 제휴equity alliance로 나눌 수 있다. 노선제휴는 포괄적인 마케팅 제휴에 포함하여 볼 수 있다.

1. 노선 제휴 및 마케팅 제휴

1) CRS computer reservation system 제휴
항공사 간의 CRS 제휴는 기존에 개발, 활용되고 있는 세계적 규모의 CRS에 여러 항공사가 임하는 형태로 이루어지며, 최근에는 ITinformation technology의 공동개발 및 이에 따른 고객들의 데이터베이스화의 공유 등에 대한 내용의 제휴로 확대되어 가고 있다.

2) 운항편명의 공동사용 code sharing
두 개의 서로 다른 항공사 간에 동일한 운항번호를 공동 사용함으로써 연계수송을 효율화시키는 방법이다. 이는 주로 장거리 국제선에 취항하는 항공사가 관문공항으로부터 국내의 다른 지점까지의 연계수송을 원활하게 만들기

위해 사용하거나 틈새 항공사niche carrier가 특정시장에 진출하기 위한 방법
으로 사용된다.

3) 좌석 할당block spacing

운항편명 공동사용의 일종으로써 한 항공사가 다른 항공사의 좌석의 일부
를 구매한 후 자사의 코드를 다른 항공사에 덧붙여 간접 운항하는 방식이다.
항공사의 입장에서 보면 과잉공급에 따른 항공사 간의 경쟁을 완화하여 운항
의 효율화를 기할 수 있고, 계약이 단기적이기 때문에 장기적으로 특정노선에
매달려 있을 필요가 없는 운항의 유연성을 확보할 수 있다.

4) 공동 운항joint operation

이는 양국의 항공 기업이 운항 노선 중 특정의 공동운항 노선을 결정하고
그 노선에 대하여 계산상의 운항원가를 결정함과 동시에, 그 노선운영으로 생
긴 수입이 운항원가를 상회할 경우, 일정한 배분방식에 의해 이윤을 항공 기
업간 분배하는 것이다.

5) 매출 흡인revenue pooling

수송력의 과잉공급을 피하기 위하여 항공 기업 간의 합의로 각각 제공하는
수송력을 결정하고 그 범위 내에서 각 항공 기업은 항공기를 독자적으로 운항
하여 생긴 수입을 특별계정으로 흡인하여 이것을 사전에 결정한 방식에 따라
기업 간에 배분하는 것이다.

6) 상용고객 우대제도FFP : frequent flyer program

항공사의 서비스를 자주 이용하는 고객이 타 항공사의 수요로 이전하는 것
을 방지하기 위하여 특별 보너스 제도를 도입하여 자사의 항공 서비스를 이용
하도록 하는 제도이다.

7) 프랜차이즈 계약 franchise agreement

제휴항공사가 자사의 브랜드를 협력 항공사가 이용하여 영업을 가능하게 하는 것으로, 제휴사의 기내승무원, 유니폼, 그리고 제반서비스의 협력이 있다.

8) 기타 제휴

상대방의 시장 및 경영자원을 활용하기 위한 전략적 제휴방식으로 여객청사의 공동사용 및 일괄 탑승수속 through check-in 처리, 특별운임협정 special prorate agreement, 기내식 그리고 항공연료의 공동구매 co-purchasing, 조종사 공동교육훈련 co-training, 공동 판촉과 광고활동, 대리점의 공동운영, 정비용역의 상호교환 등의 제휴 형태가 있다.

2. 자본 제휴 equity alliance

자본 제휴는 제휴항공사가 서로 협력관계를 공고히 하고, 장기간 서로에 대한 신뢰를 확보할 수 있는 가장 강력한 항공사 연합의 형태로 일정 한도 내에서의 지분참여와 투자, 상호출자의 형태로 이루어지게 된다. 그 중 상호출자 방법은 경영참여나 통제를 위한 것이 아니라 서로간의 연대관계를 강화시킴으로써 세계화 전략에서 우위를 점하기 위해 사용되는 보편적인 방법이다. 오늘날 자본 제휴의 형태를 가장 많이 맺고 있는 항공사는 에어프랑스 air france 이다.

〈표 5-1〉 항공사 동맹체 국제선 정기 운송실적

Alliance	oneworld		Sky Team		Star Alliance	
	실적	증감률(%)	실적	증감률(%)	실적	증감률(%)
여객 수(명)	543,443	4.7	691,356	7.5	708,466	3.6
여객킬로미터(천km)	1,190,186	5.1	1,362,227	7.3	1,534,563	4.8
공급좌석킬로미터(천km)	1,475,904	4.1	1,676,351	6.3	1,941,129	4.4
탑승률(%)	80.6	0.7	81.3	0.8	79.1	0.3

2015년 국제선 정기 실적 기준
자료 : IATA, World Air Transport Statistics, 2016년

제5절 항공사의 전략적 제휴의 현황

항공사의 전략적 제휴strategic alliance는 1970년대 말부터 계속되어왔다. 불확실한 미래상황에 대한 적절한 대응책을 강구하던 항공사들은 각국의 항공시장 규제완화를 통하여 경쟁사보다 빨리 성장하고 새로운 시장에 쉽게 접근하기 위한 방법으로 항공사 제휴airline alliance를 시작하였다. 항공사간 제휴의 시동을 건 것은 1989년 미국 노스웨스트northwest항공(2010년 미국델타항공과 합병)과 KLM네덜란드항공이 맺은 마케팅, 좌석공유, 자본 제휴 등에서 맺은 제휴이다. 이 거대 두 항공사의 전략적인 제휴로 인하여 항공고객들은 6대륙 400여 도시를 편리하고 보다 저렴한 요금으로 여행할 수 있게 되었다.

알리탈리아항공은 KLM / 노스웨스트northwest항공과 대서양운항 제휴에 참여하였으며 제휴 내용은 좌석공유, 상용고객 우대프로그램 통합, 공항라운지 공동이용, 가격 조정, 마케팅, 영업, 유통망, 정부계약을 위한 공동입찰, 통합디자인, 예약, 발권, 시스템개발, 지상업무, 승무원교환, 기내식, 연료, 정비 등 방대한 부분에 걸쳐있었다.

1997년 5월에는 〈표 5-2〉에서 보는 바와 같이 미국의 유나이티드항공과 독일의 루프트한자가 중심이 되어 스타얼라이언스star alliance를 결성하였으며,

이어 스칸디나비아항공과 에어캐나다 등의 추가참여로 5개사 대연합이 이루어져 미국과 유럽 그리고 아시아지역에 걸쳐 1백6개국 5백78개 항공노선을 수용하게 되었다.

1) 스타얼라이언스 star alliance

스타얼라이언스는 1997년 5월 14일 설립된 최초의 항공 동맹이다. 하루의 비행횟수, 목적지 수, 도착지 국가 수, 회원사 규모 등에서 세계 최대의 항공사 동맹체이다.

루프트한자, 스칸디나비아항공, 에어캐나다, 유나이티드항공, 타이항공의 5개사가 결성하였으며, 현재 LOT폴란드항공, TAM항공, TAP포르투갈, US에어항공, 남아프리카항공, 브뤼셀항공, 스위스국제항공, 싱가포르항공, 아시아나항공, 에어뉴질랜드, 오스트리아항공, 이집트항공, 전일본공수, 에어차이나, 터키항공 등 28개 회원 항공사가 속해 있다.

스타얼라이언스는 공동운항을 통해 189개국, 1,290여 목적지로 취항하고 있다. 동맹체 보유 항공기 수는 4,386기이다.

〈표 5-2〉 Star Alliance

Star Alliance	
창립 회원	Lufthanse · Scandinavian Airlines · Air Canada · United Airways · Thai Airways
일반 회원	LOT Polish Airlines · Avianca · Shenzhen Airlines · TAP Portugal Airlines · ANA · South African Airways · Brussels Airlines · Air india · Swiss International Airlines · Singapore Airlines · Adria Airways · Asiana Airlines · Aegean Airlines · Air New Zealand · Ethiopia Airlines · Austrian Airlines · Egypt Air · EVEAIR · Air China · Copa Airlines · Croatia Airlines · Turkish Airlines

스타얼라이언스 star alliance

항공업계의 새로운 트렌드trend인 전략적 제휴는 항공사의 자원공유, 노선확대 등으로 인한 경쟁력증진 그리고 비용절감 및 경영합리화 등을 추구하기 위함이다. 이용승객에게도 마일리지 적립, 요금인하 등의 부가 혜택이 주어진다.

2) 원월드 one world

영국의 영국항공british airways과 미국의 아메리칸항공이 중심이 되어 〈표 5-3〉에서 보는 바와 같이 원월드one world라는 항공사 동맹체를 구성하였다. 양 사는 대서양을 연결하는 미국~영국 노선의 60% 이상을 장악하게 되었다. 더욱이 영국항공은 호주 콴타스항공의 지분 25%를 취득하는 등 자본 제휴에 도 의욕을 보이고 있다. 질 높은 서비스제공으로 정평이 나 있는 유럽의 핀란 드항공도 1998년 3월 동맹체에 참여했다. 원월드one world는 항공권 공동판 매, 코드 쉐어 운영, 마일리지 통합 서비스, 공항 라운지 공유, 교육훈련 등 다양한 업무 협력을 실시하고 있다.

현재 아메리칸항공, 이베리아항공, 일본항공, 콴타스항공, 캐세이패시픽항 공, 핀 에어, S7항공, 브리티시항공 등 14개의 회원 항공사가 속해 있다. 공동 운항을 통하여 원월드one world의 취항 공항 수는 750개이며 취항 국가 수는 191개국이다. 보유 항공기 수는 1300기이다.

〈표 5-3〉 One World

One World		
창립 회원	American Airlines · Qantas Airways · Cathay Pacific Airways · British Airways	
일반 회원	Malaysia airways · Royal Jordanian Airlines · Iberia Airlines · Japan Airlines · Finnair · S7 Airlines · Air Berlin · SriLankan · LARAM · QATAR	

3) 스카이팀 sky team

델타항공은 2000년 6월 22일 세계항공업계의 전략적 제휴 관계에 속하지 않고 있던 유일한 대형항공사인 에어프랑스 그리고 대한민국의 대한항공과 글로벌 제휴를 체결했다.

스카이팀은 여객 분야의 국제적 항공 동맹체이며 현재 체코항공, KLM, 아에로플로트, 아르헨티나항공, 중국남방항공, 케냐항공, 베트남항공, 중국동방항공, 중화항공 등 20개 회원 항공사가 속해 있다. 스카이팀은 마일리지 적립과 라운지 이용 등의 서비스를 공동으로 제공하고 있으며, 공동운항을 통하여 177개국 1,062여 도시로 일일 약 17,343편의 항공편을 운항하고 있다.

〈표 5-4〉 Sky Team

Sky Team	
창립 회원	Korean Air · Delta Airlines · Aeromexico · Air France
일반 회원	Czech Airlines · KLM · Aeroflot Russian Airlines · China Southern Airlines · Kenya Airways · Air Europa · Alitalia · Vietnam Airlines · China Eastern Airlines · China Airlines · Saudia Airlines · Aerolineos Argentinas · TAROM Romanian Air · Garuda Indonesia · Ximen Airlines · MEA

항공사 제휴가 이렇게 선전하는 이유는 미국과 유럽의 항공사들의 이해가 맞아 떨어지기 때문이다. 특히 미국의 항공사들은 1997년 항공시장 자유화가 이루어진 유럽연합지역에 진출할 호기를 맞았다. 단독으로 노선망을 확대할 경우에는 항공기 구매 등 막대한 비용이 들어가지만 동맹체를 구축해 공동운항을 하면 낮은 비용으로 네트워크를 확장할 수 있기 때문이다. 공동으로 공항 수속대, 사무실 등을 설치하는 한편 광고 등도 공동 게재해 비용절감을 꾀하고 있다. 또 자신들이 노선을 개설하지 않은 지역에서 제휴항공사 항공기를 이용하여 고객을 유치할 수 있다. 미국의 아메리칸항공과 아시아나항공이 맺은 'code-share 계약' 그리고 미국 델타항공과 대한항공과의 'code-share 계약' 등이 이러한 Alliance의 한 예라 할 수 있다.

〈표 5-5〉 항공사 동맹체 항공운송 순위 및 실적

구분	순위	그룹	실적 (백만)	점유율 (%)
국제선	1	Star Alliance	1,100,957	26.0
	2	Oneworld	802,405	18.9
	3	Sky team	775,657	18.3
	소계		2,679,019	63.2
	세계 전체		4,236,488	
국내선	1	Sky team	586,570	24.0
	2	Star Alliance	433,606	17.8
	3	Oneworld	387,781	15.9
	소계		1,407,957	57.7
	세계 전체		2,442,206	
계	1	Star Alliance	1,534,563	23.0
	2	Sky team	1,362,227	20.4
	3	Oneworld	1,190,186	17.8
	소계		4,086,976	61.2
	세계 전체		6,678,694	

2015년 정기 여객킬로미터 기준
자료 : IATA, World Air Transport Statistics, 2016년

〈표 5-6〉 항공사 전략적 제휴 동맹체

지 역		스카이팀 Sky Team(19개)	스타얼라이언스 Star Alliance(28개)	원월드 One World(11개)
동북아	한국	Korean Air(KE)	Asiana Airlines(OZ)	
	일본		All Nippon Airways(NH)	Japan Airlines(JL)
	중국	China Eastern Airlines(MU)	Air China(CA)	
		China Southern Airlines(CZ)		
		Xiamen Airlines(MF)		
	대만	China Airlines(CI)		
동남아		Vietnam Airlines(NH)	Thai Airways(TG)	Cathay Pacific Airways(CX)
			Singapore Airlines(SQ)	
대양주			Air New Zealand(NZ)	Qantas Airways(QF)
중동 / 아프리카		Kenya Airways(KQ)	Egypt Air(MS)	Royal Jordanian Airlines(RJ)
		Saudia Airlines(SV)	South African Airways(SA)	
		Middle East Airlines(ME)	Ethiopia Airlines(ET)	
미주	북미	Delta Airlines(DL)	United Airlines(UA)	American Airlines(AA)
			US Airways(US)	
			Air Canada(AC)	
	중남미	Aeromexico(AM)	TAM Airlines(JJ)	LAN Airlines(LA)
		Argentinas(AR)	Copa Airlines(CM)	
			Avianca-TACA Ltd(AV)	
유럽	서유럽	Air Europa(UX)	Lufthanse(LH)	Iberia Airlines(IB)
		Air France(AF)	Scandinavian Airlines(SK)	Finnair(AY)
		KLM(KL)	Brussels Airlines(SN)	Air Berlin(AB)
		Alitalia(AZ)	Aegean Airlines(A3)	British Airways(BA)
			Austrian Airlines(OS)	
			JetBlue Airways(Blue1)	
			TAP Portugal Airlines (TP)	
			Swiss Air(LX)	
			Turkish Airlines(TK)	
	동유럽	Aeroflot Russian Airlines(SU)	Adria Airways(JP)	S7 Airlines(S7)
		Czech Airlines(OK)	Croatia Airlines(OU)	
		TAROM Romanian Air(RO)	LOT Polish Airlines(LO)	

SKYTEAM®

WITH SKYTEAM'S GLOBAL NETWORK ACROSS ALL CONTINENTS, TRAVELLING HAS NEVER BEEN SO SEAMLESS.

Our 19 member airlines connect you to the world seamlessly. SkyTeam offers more than 15,400 daily flights to over 1,000 destinations across all continents. We make it convenient for you to get wherever you need to go. Mileage earned can be redeemed on all member airline flights. Visit **skyteam.com**

Caring more about you

스카이팀 sky team

2000년 6월 아에로멕시코, 에어프랑스, 델타항공 및 대한항공이 설립하였으며, 현재 19개 회원 항공사가 있다. 스카이팀 관리본부는 네덜란드의 암스테르담 스키폴공항에 있으며 약 30명의 직원으로 이루어져 있다. 항공산업의 격동기였던 지난 10년 동안 스카이팀은 3배가 넘는 회원 항공사와 2배가 넘는 항공편, 2배에 가까운 운항목적지를 확보한 조직으로 성장하여 고객이 더 쉽게 전 세계와 가까워질 수 있게 해주었다. 스카이팀의 모토는 Caring more about you이다.

6

항공기의 이해

항공서비스의 이해

- 항공서비스의 발달
- 항공서비스 상품
- 항공서비스 특성 및 유형

항공사 마케팅

- 항공사 마케팅
- 항공사 전략적 제휴

항공기 및 공항의 이해

항공기의 이해
1. 항공기의 유형
2. 항공기 기종별 특징
3. 항공기의 기본적 이해

- 공항의 이해

항공서비스 진로

- 항공서비스 산업의 직업 기회

제6장 항공기의 이해

제1절 항공기의 유형

1. 엔진의 유형

항공기aircraft란 사람이나 물건을 싣고 공중을 날 수 있는 날개가 달린 탈것을 통틀어 이르는 말이다. 우주로켓이나 미사일 등은 포함하지 않는다. 비행기airplane는 날개와 그에 의해 발생하는 양력을 이용해 인공적으로 하늘을 나는 능력을 지닌 항공기를 말한다. 최초의 동력 비행기는 1903년 12월 27일 미국의 라이트 형제가 발명하였다. 비행기의 종류에는 여객기, 전투기, 무인기, 방제기 등이 있다. 양력 발생에 필수적인 추진력을 얻기 위한 엔진으로는 프로펠러 엔진, 제트 엔진, 로켓 엔진 등이 사용된다. 세계적인 여객기 제작사로는 보잉boeing과 에어버스air bus 등이 있다.

1) 제트엔진 항공기

터보엔진의 제트항공기는 시속 900km 이상으로 운항할 수 있으며, 객실의 기압을 정상적으로 유지할 수 있다. 기압이란 객실 내 공기 압력을 의미하며, 지상에서의 공기 압력과 거의 같다. 제트항공기들은 빠른 속도와 안락함을 제공하기 때문에 장거리와 중거리의 국내 및 국제 비행편에 사용된다. 제트엔진 항공기는 프로펠러항공기들이 사용하는 피스톤엔진보다 정비관리가 수월하며 장시간 동안 운항할 수 있다.

전 세계적으로 현재 약 7천여 대의 제트항공기가 비행 중에 있다. 대부분의 제트항공기는 미국의 보잉사와 맥도널 더글러스mcdonnell douglas사 그리고 유럽의 에어버스사에 의해 제조되었다. 최근에는 브리티시 에어로스페이스 british aerospace사와 같은 유럽의 중소 항공기 제조업체들이 중, 소형 자가용 제트항공기 시장에서 강력한 경쟁력을 보이고 있다.

2) 프로펠러 항공기

프로펠러 추진 항공기는 제트항공기보다 느리고, 보다 낮은 상공에서 비행한다. 이러한 프로펠러 비행기들은 두 개의 범주로 나눌 수 있다. 첫째, 한개 또는 두개 이상의 프로펠러 외에 피스톤 추진 엔진을 가진 비행기(소형비행기), 둘째, 터보프롭엔진 비행기로 알려져 있는 터빈엔진과 프로펠러를 가진 비행기(중형비행기)이다. 대부분 터보프롭 비행기(터보프로펠러 추진 비행기의 약어)와 일부 피스톤 추진 항공기는 객실의 기압을 정상적으로 유지한다. 그러나 일부 비행기는 객실의 기압유지가 불가능한 관계로, 1만2천 피트 이하로 비행하여야 한다.

초기의 비행기들은 피스톤 추진식이었다. 터보프로펠러 엔진으로 추진되는 비행기들은 1950년대에 비로소 상업서비스를 시작했다. 많은 터보엔진 비행기들은 단거리(400마일 이하)비행에 사용되었으며, 제트항공기는 1960년대부터 장거리 비행을 시작하였다. 일부 터보프로펠러 비행기들은 밀실 기압의 정상적 유지가 가능하게 되어 악천후에도 비행할 수 있게 되었다.

최근에는 단거리 목적지를 주로 운항하는 항공사의 증가로 새로운 프로펠러 추진 항공기 제작이 활성화 되고 있다. 브라질 엠브레어embraer사의 쌍발 터보 프로펠러엔진 경여객기는 32개국에 판매되어 왔다. 기타 유명 항공기 제조업체로는 캐나다의 드 하빌랜드de havilland, 스페인의 카사casa, 네덜란드의 포커fokker, 북아일랜드의 쇼트 브러더스short brothers사 등이 있다.

　제주항공이 도입한 캐나다산 Q400 기종은 최신 터보프로펠러 엔진을 장착한 기종으로 700km 내외의 중, 단거리 수송에 적합한 기종이다.

〈표 6-1〉 주요 항공기 제조회사

회 사	국 적	설립년도	대표기종	특이사항
Boeing	미 국	1916년	B747-400 B787	보잉은 크게 두 개의 회사로 나눌 수 있다. 보잉 종합 방위 시스템boeing IDS ; boeing integrated defense systems은 군사와 우주, 보잉 상업 항공BCA ; boeing commercial airplanes은 민간 항공기를 제작하고 있다.
Air Bus	프랑스	1970년	A320(소형기) A330(중형기) A380(대형기)	프랑스, 영국, 독일 등이 합작한 세계최대의 상업용 항공기 제작회사로 2001년 현재의 회사 이름으로 변경되었다.
McDonnell Douglas	미 국	1967년	MD-82	1967년 맥도널사와 더글러스사의 합병으로 설립된 미국의 항공기 제조회사이며 1997년 보잉에 합병되었다.

2. 항공목적에 의한 분류

항공기는 서비스가 계획되어 있는 특정 시장에 따라 분류할 수 있다.

1) 단거리용 비행기

　200km 이하의 단거리 비행에 사용되는 단발 및 쌍발엔진 비행기이다. 일반적인 좌석 수는 12~60석 정도이다.

2) 중거리용 비행기

　맥도널 더글러스사의 DC-9과 보잉 737 같은 쌍발제트기는 중거리(1,000 마일 이하)에서 운항하며, 좌석 수는 100~160석 정도이다. 보잉 727은 180석 정도의 좌석으로 2,000마일 이하의 비행에 사용된다.

3) 장거리용 비행기

보잉 747, 767 그리고 에어비스 300, 380과 같은 대형 제트기는 장거리 비행에 사용된다. 좌석 수는 일반적으로 180~550석 정도이며, 3,000마일에서 7,000마일 범위 내에서 비행한다.

4) 특수목적용 비행기

특수목적용 항공기에는 헬리콥터, 수상비행기, 그리고 수륙 양용기가 포함된다.

제2절 항공기 기종별 특징

1. 항공기 기종별 특징

〈표 6-2〉 기종별 특징

항공기	시리즈	특 징	연료량	좌석 수
A380	-800	동체의 길이와 폭이 각각 72.72미터 및 79.75미터로 주 날개 면적이 실내 농구 코트 면적의 두 배인 845평방미터, 꼬리 날개의 높이가 24.1미터로 아파트 10층 높이	820드럼	555
A330	-300	장거리용 쌍발 항공기이며, 에어버스의 기본형인 A300과 A310의 효율적이고 생산적인 동체를 그대로 사용하는 혁신적인 기법을 동원하여 설계	763드럼	296
B787	-9	동체가 넓고 연료 효율이 기존 여객기에 비해 20% 가량 높음, 역사상 가장 짧은 기간 동안 가장 많이 판매된 항공기	632드럼	290
B777	-200	첨단 전자장비의 쌍발 최장거리 항공기	904드럼	376
	-300	-200시리즈에 비해 전장이 33ft 연장됨	960드럼	376
B747	-200	전장 70.66m / 항속거리 10,712km	1,031드럼	380
	-300	200시리즈와 같은 크기, Upper Deck 만 커짐	1,080드럼	455
	-400	전장 70.66m / 항속거리 15,479km 최신 전자장비 탑재	1,146드럼	440

항공기	시리즈	특　　징	연료량	좌석 수
B737	–800	B737기종의 최신 Series, 좌석 수가 증가됨	138드럼	189
				193
MD11	–900	엔진이 3개 장착된 중장거리 항공기	772드럼	214
MD80	–82	쌍발 중단거리 항공기 / 항속거리 3,137km	117드럼	157
	–83	쌍발 중단거리 항공기 / 항속거리 4,078km	139드럼	157

주) 1. 1드럼 = 약 200리터 liters(현대자동차 소나타sonata의 연료 Tank 용량은 약 65 liters임)
　　2. 2014 대한항공 기준이며, 좌석 수는 항공사 별로 상이함.

1) 항공기 등록부호(예 : HL 7491)의 의미

① HL : 국적기호(무선국 기호)이며 이는 대한민국을 뜻한다(무선국 기호 :
　　전 세계 무선국에 지정된 Alphabet 2 letter code임).

② 7491 : 등록기호이며, 그 뜻은 다음과 같다.

　　– "7"은 제트엔진을 장착한 여객기를 뜻한다.

　　– "4"는 4개의 엔진이 장착되어 있다는 뜻이다.

　　– "91"은 동일 기종끼리의 일련번호이다.

　　– "7"은 제트엔진을 장착한 여객기를 뜻한다.

국적기호

대한민국 : HL

미국 : N

영국 : G

캐나다 : C

독일 : D

프랑스 : F

일본 : JA

source : www.koreanair.com

2) 항공기 명칭

항공기의 이름은 콩코드처럼 예외가 있기는 하지만, 대개 제조회사의 머리글자를 따서 붙이는 것이 일반적인 관례다. 현재 국내 운항 중인 B747, MD11, A380, F100의 머리글자는 각각 B는 미국의 보잉사, MD는 맥도널 더글러스사, A는 에어버스사, F는 포커사를 나타낸다. 머리글자 다음에 오는 숫자는 항공기의 종류를 나타낸다. 보잉사의 경우 프로펠러 항공기에 대해서는 300대 숫자를 붙이고, 제트항공기에 대해서는 B707, B727, B747, B777 등 700대 숫자를 붙인다.

비행기를 향한 사람들의 애정은 특별한 애칭을 갖고 부르기도 하였다. 1927년 찰스 린드버그가 직접 제작하여 대서양 횡단에 성공했던 '세인트루이스의 정신'spirit of saint louis, 이외에도 미국 공군이 제트기 교육용으로 개발한 쌍발 엔진의 기초 훈련기 T-37은 우리나라에서 한때 '쌕쌕이'라 불리었다.

비행기 애칭은 더욱 활발히 붙여지기 시작하여 보잉사의 대형 기종 B747은 점보라는 명칭이 일반인에게는 더 친숙할 정도다. 록히드사의 L1011은 '세 개의 빛나는 별'tristar 포커사의 F-27은 '우정'friendship으로 불린다. 전통적으로 애칭을 붙이기 좋아하는 미국의 록히드사의 경우 목재 여객기 베가를 비롯, 알테어, 시리우스 등 다양한 애칭이 있다.

보잉 787 dreamliner

보잉사는 미국의 항공기 제조회사로서 세계 여객기 시장의 50% 이상을 점유하고 있다. 보잉 787 드
림라이너dreamliner는 중형 쌍발 여객기이며 보잉의 항공기중 처음으로 기체 대부분에 탄소복합 재
료를 사용한 항공기이다. 효율에 중점을 둔 항공기이며, 역사상 가장 짧은 기간 동안 가장 많이 판매
된 항공기이기도 하다.

159

3) 항공기 블랙박스 black box

source : www.nytimes.com

항공기 사고 발생 시 원인규명을 위해서 25시간 동안의 각종 비행정보를 저장하는 비행정보 기록장치 FDR : flight data recorder와 최종 30분 또는 120분간의 조종사들의 교신내용과 대화내용을 녹음하는 음성기록장치CVR : cockpit voice recorder를 통칭하는 이름으로 고열과 큰 충격에도 견딜 수 있게 제작되어 있다. 실제 장비 색깔은 오렌지 색깔이지만, 비밀을 담고 있다고 하여 블랙박스로 매스컴에서 통칭하고 있다.

4) 항공기의 실내 온도

항공기가 지상에 있거나 비행 상태에 있을 경우, 기내로 신선한 공기를 공급하고, 승객들이 사용한 공기는 항공기 밖으로 배출시킴으로써(B747 항공기 객실 전체 환기의 경우 보통 5~8분이 소요됨) 객실 내의 온도를 적절히 유지시켜 주는 장치를 에어컨디셔닝 시스템air conditioning system이라 부른다.

항공기가 지상에 있을 때, 계절의 변화 및 지역적 특성에 따라 외부의 온도가 다르지만, 객실은 최적의 온도를 유지하기 위해 냉방 혹은 난방장치가 필요하다. 그리고 항공기가 비행 상태에 있을 경우, 외부 온도가 너무 낮기 때문에(33,000ft/10km의 대기 온도는 대략 -50℃ 정도) 저온으로부터 승객과 승무원을 보호하면서 쾌적한 공간을 제공하려면 난방장치가 필요하다. 이런 필요에 따라 객실내로 공급되는 공기는 항공기에 장착되어 있는 엔진engine으로부터 가져온다. 원래 엔진은 외부의 공기를 흡입, 압축시켜 항공기의 추력을 생산하는 것이 주목적이지만, 부수적으로 이 압축된 공기의 일부를 에어컨 시스템에 공급하여 객실에서 사용하는 것이다. 즉 객실의 온도를 조절하기 위해 엔진에서 생산된 뜨거운 공기를 사용한다. 그런데 엔진에서 빼내온 이 공기는 너무 뜨겁기 때문에(177℃~227℃) 곧바로 객실 내로 공급할 수가 없다. 따라서 객실 내에서 사용할 수 있게 적절하게 냉각시켜 주어야 하는데, 이 장치를 Air conditioning pack이라고 부른다.

대형 항공기는 객실이 너무 넓기 때문에 우리의 눈에는 보이지는 않지만 객실을 몇 개의 지역zone으로 구분하여 온도를 구역별로 조절(18℃~30℃)할 수 있도록 설계되어 있다. 즉 Pack을 통과한 차가운 공기에 Pack을 통과하지 않은 뜨거운 공기를 얼마나 섞어 주느냐에 따라 구역별로 온도 차이가 발생할 수 있다는 뜻이다. 물론 이런 온도조절은 조종사가 선택한 온도를 기준으로 컴퓨터computer에 의해 자동으로 이루어진다.

5) 기내 화장실의 오물처리

기내 화장실의 오물처리 방법은 세면대에서 사용된 물을 처리하는 방법과 변기에서 사용된 오물을 처리하는 방법이 다르다.

첫째, 세면대에서 사용된 물은 비행 중 기내 압력과 외부 압력 차이를 이용하여 항공기 외부로 쏟아버린다(비행 중 기내 압력은 지상의 압력과 거의 비슷하나 항공기 외부의 압력은 매우 낮음).

둘째, 변기에서 사용된 오물과 물의 처리방법은 구형기와 신형기가 다르다. 구형 항공기(B747-200, MD-80, F-100 등)는 변기 아래 부분에 장착된 Tank에 물과 함께 보관되는 수세식 타입type의 화장실로, Tank에 모인 혼합물이 필터filter를 거쳐 맑은 액체만 모터motor가 뿜어주어 변기의 벽을 씻어주는 방식이며, 변기사용횟수가 거듭될수록 뿜어지는 물이 맑지 않을 뿐만 아니라 Tank가 변기 아래에 장착되어 있어 냄새가 나게 된다.

신형 항공기(B747-400, A300-600, B777, A330 등)는 항공기 맨 뒤쪽 객실 아래 화물칸 부분에 2~4개의 Tank를 장착하여 객실을 좌, 우측으로 구분하여 좌측의 화장실 변기 사용물은 좌측 Tank로 보내지며 우측 화장실 변기들은 마찬가지로 우측 Tank로 이송된다. 그러나 각 변기의 오물이 Tank로 버려지는 것은 기내 압력과 Tank 압력차를(항공기 외부압력과 같은 저압력) 이용한 진공식vacuum suction으로, 장점은 구형기와 같이 사용된 물을 반복적으로 사용하지 않고 물 Tank의 깨끗한 물을 사용하여 변기를 씻어 주고, 오물이 화물칸에 장착된 Tank에 보관되어 위생적이지만 변기의 오물을 버릴 때 압력차에 의한 Suction 소리가 크다.

참고로 항공기 제작 시 장거리 항공기일 경우 화장실 당 35~40명을 고려하여 화장실 숫자를 설계하는데, 항공사의 요구에 따라 증설도 가능하다.

2. 항공기의 구별

기종만으로도 최신형인지, 복도가 한 개밖에 없는 소형기인지 또는 장거리용인지 등을 구별할 수 있다. 하지만 비행기의 모습을 언뜻 보고 구별해 내기란 쉽지 않다. 특히 같은 기종이라도 소위 업그레이드된 항공기들이 있어 구별하기가 어렵다.

비행기의 기종을 알아내는 방법에는 여러 가지가 있지만, 엔진의 수와 엔진이 부착된 위치, 그리고 동체와 날개의 모양새로 구분하는 것이 보통이다. 항공기 제작사마다 엔진의 부착방법과 외양에 독특한 특색을 갖고 있기 때문이다.

엔진이 두 개인 쌍발 제트여객기의 경우는 양쪽 날개에 부착하는 경우가 일반적인 형태로 우리나라 항공사들이 보유하고 있는 A300이나 B737기 등이 이에 해당한다.

이들 두 기종은 엔진의 장착 수는 같으나 B737기는 단거리용 항공기로 동체가 짧고 A300은 중거리용으로 동체가 더 길어 구분하기가 어렵지 않다.

반면 네덜란드 포커사에서 제작한 F100, 미국 맥도널 더글라스사의 MD82의 경우는 동체 뒷부분 꼬리날개 부근에 엔진을 부착하고 있는 경우도 있다.

엔진은 2개이지만 장거리용으로 사용되고 있는 B777은 2개의 엔진으로 멀리 날아가야 하므로 추력이 커야 한다. 따라서 엔진이 다른 항공기보다 1.5배

정도는 커서 쉽게 구분할 수 있다. 또한 B777은 메인 랜딩기어가 두 쌍인데 한 쌍에 8개의 바퀴가 달려 있어 다른 기종과 확연히 구별된다.

엔진이 세 개인 항공기로는 DC10 / MD11 등이 있는데, 3개의 엔진 가운데 2개는 주 날개의 양쪽에 부착하고 나머지 한 개는 동체의 뒷부분에 부착하고 있다.

4개의 엔진을 장착한 장거리 항공기의 대명사인 B747기는 양쪽 날개에 각각 두 개씩의 엔진을 부착하고 있다. B747-400의 경우도 역시 날개 끝이 올라간 윙렛으로 다른 B747점보기와 구분된다.

〈표 6-3〉 국적항공사의 대표 항공기 제원

기 종	좌석 수	최대이륙중량(톤)	전장(m)	순항속도(km/h)	항속거리(km)
A380	555	560	73	912	15,400
A350	311	267	68	910	14,353
A330	296	217.0	63.7	883	12,612
A321	195	78.0	44.5	832	5,556
A320	143	73.5	37.6	841	5,500
A300-600	277	170.5	54.1	832	6,317
B787	290	247	62.8	912	15,750
B777	376	287.0	63.7	905	18,508
B747	384	378.1	70.7	907	11,338
B747-400	456	394.6	70.7	918	16,066
B767	260	184.6	54.9	854	12,594
B737	150	64.6	36.4	790	4,787
B737-700	200	77.6	33.6	848	10,297
B737-800	189	78.2	39.5	848	5,449
B737-900	193	78.4	42.1	848	5,084

주) 1. 순항속도는 고도 35,000피트에서의 속도를 말함.
   2. 이륙활주거리는 해면고도, 15℃에서 최대 이륙중량 최대플랩 사용할 때의 거리를 말함.
   3. 착륙활주거리는 해면고도, 15℃ 젖은 활주로에서 최대 착륙중량 사용할 때의 거리를 말함.
   4. 좌석 수는 동일 기종 중 최대로 운용중인 좌석을 명기하였음.

3. 주요 항공기

1) A380

air france

하늘에 떠있는 5성급 호텔이라 불리는 초대형 여객기 A380은 프랑스 파리 남쪽 681km 지점에 위치한 툴루즈시의 에어버스 조립공장에서 생산된다. 8층 빌딩만한 동체, 높이는 24.1m, 길이 73m, 폭은 79.8m (날개 포함)로 세계 최대 사이즈이며 555개의 좌석이 들어갈 수 있다. 전 좌석을 이코노미석으로 꾸민다면 약 840석이 가능하다. 지난 40년간 최대 항공기로 명성을 누려온 B747(420~450석)에 비해 좌석 수가 35% 늘었다. 퍼스트 클래스 공간에는 캡슐형 좌석 6개가 있는데 2m가 넘는 캡슐 안에는 침대와 접이식 책상, 의자, 컴퓨터가 갖춰져 있다. 취침할 때 뚜껑을 덮을 수 있으며, 식사 시간에는 두 명이 같이 먹을 수 있을 만큼 좌석 공간이 넓다. 2개 좌석씩 붙어 (붙여) 3쌍으로 설계된 비즈니스 석은 뒤로 젖히면 평면 침대로 변하며 의자를 돌리면 비즈니스 파트너끼리 상담도 가능하다.

이코노미석은 기존 좌석보다 1인치 더 넓다. 아울러 기내 곳곳에는 24시간 셀프 서비스 주방, 면세 쇼핑코너, 스낵 바bar 등이 설치되어 있다. 항공사가 주문하면 이들 공간을 카지노, 회의실, 샤워실, 피트니스센터 등으로 개조할 수 있다. 이 비행기는 유럽 각국의 합작품으로, 현존하는 최고의 항공제작 기술이 총동원되었다. 날개는 영국에서, 꼬리 날개는 스페인, 동체부분은 독일과 프랑스에서 제작됐다. 재질이 최신 탄소 복합재와 고급 메탈로 제작되어 기존 비행기보다 무게는 10%정도 가볍고 연료 효율성도 15% 앞선다. 비행기 가격은 1대 당 3억달러(3000억원) 선이다.

롤스로이스사의 트렌트 900엔진이나 엔진 얼라이언스의 GP7200엔진을 장착 할 수 있다. 엔진 효율이 좋기 때문에 15,000km 이상 비행이 가능하다. 착륙 장치에서는 바퀴를 뒤쪽에 20개, 앞쪽에 2개를 설치해 비행기 중에서는 바퀴 수가 가장 많은데, 이는 활주로가 튼튼해도 하중을 무한대로 견딜 수 없기 때문에 바퀴 수를 늘려 A380의 중량을 분배하기 위해서이다.

• A380-800

emirate airlines

• A380-800 Low deck seat map

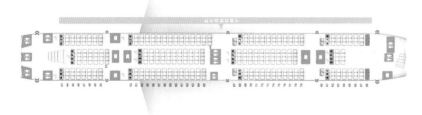

Source : www.emirates.com

• A380-800 Upper deck seat map

Source : www.emirates.com

165

- A380-800 항공기 제원 fleet specification

구 분	내 용
전장overall length	73meter
전폭wing span	78.9meter
전고height	24.1meter
순항속도cruising speed	902Km/h
최고 순항 고도max. cruising altitude	13,100meter
최대 항속 거리max. range	15,100Km
좌석 수seating capacity	555seats
엔진engines	4engines
최대 이륙 중량max. take-off weight	560,000kg

2) A330

미국의 전략폭격기 B-52(220톤, 1952
년)와 비슷한 크기이다. A300의 성
공에 이은 A330은 에어버스사가
보잉 767에 대항하기 위해 개발한
쌍발 비행기로, 1987년에 A340과
같이 개발이 시작되었다. A300의

qatar airways

동체를 개량해서 만들어졌으며, 항속거리와 연비가 뛰어나 현재 대한항공, 아
시아나항공, 델타항공, 에어프랑스 등 많은 항공사에서 다수 운용되고 있다.
A330은 최대이륙중량 230톤의 비행기로, 보잉이 B767(200톤, 1981년)의 개발
을 착수하게 하는 결과를 낳았고, 이는 또다시 에어버스가 A330(230톤, 1992
년)을 제작하게 하였으며, 보잉은 다시 B767보다 20% 연료비를 줄인 B787(228
톤, 2009년)을 개발하는 등 보잉 - 에어버스의 양자대결구도를 야기했다.

● A330

turkish airlines

● A330 Seat map

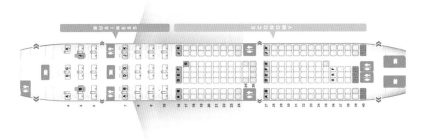

Source : www.turkishairlines.com

● A330-300 항공기 제원fleet specification

구 분	내 용
전장overall length	63.69meter
전폭wing span	60.30meter
전고height	16.83meter
순항속도cruising speed	962Km/h
최고 순항 고도max. cruising altitude	12,527meter
최대 항속 거리max. range	10,882Km
좌석 수seating capacity	296seats
엔진engines	2engines
최대 이륙 중량max. take-off weight	230,000kg

3) B787

all nippon airways

보잉 787드림라이너boeing 787 dreamliner는 미국 보잉사의 중형 쌍발 여객기이며 보잉의 항공기 중 처음으로 기체 대부분에 탄소복합 재료를 사용한 비행기이다. 개발코 드는 본래 7E7이었으나, 2005년 1 월 28일 787로 변경하였다. 역사상 가장 짧은 기간 동안 가장 많이 판매된 항 공기이기도 하다. 2007년 9월 처녀비행을 거쳐 2008년 5월 운항을 시작할 예 정이었으나, 실제 처녀비행은 2009년 12월 15일 시애틀 근교 보잉공장과 인접 한 페인필드 공항에서 시행하였으며 2011년 초 전일본공수에 첫 번째 B787이 인도되었다.

● B787-9

etihad airwys

● B787-9 Seat map Ver 1.

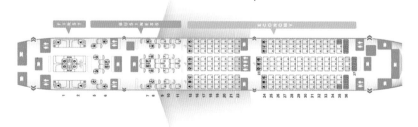

Source : www.etihad.com

- B787-9 Seat map Ver 2.

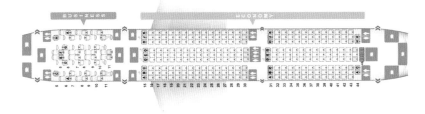

Source : www.etihad.com

- B787-9 항공기 제원fleet specification

구 분	내 용
전장overall length	63meter
전폭wing span	60.0meter
전고height	16.5meter
순항속도cruising speed	903Km/h
최고 순항 고도max. cruising altitude	13,000meter
최대 항속 거리max. range	16,300Km
좌석 수seating capacity	250-290seats
엔진engines	2engines
최대 이륙 중량max. take-off weight	244,940kg

4) B777

보잉boeing B777은 미국 보잉사가 개발한 쌍발 장거리용 제트 여객기이다. 쌍발기중 가장 크며 트리플 세븐triple seven이라는 별칭도 가지고 있다.

최대 500석까지 갖춘 쌍발 기종

air new zealand

169

중 가장 규모가 큰 B747 기종과 B767의 중간 크기인 좌석 300석에서 400석 규모의 여객기에 대한 수요를 충족시키기 위해 개발되었다. 좁은 B767의 동체를 그대로 활용하여 대형 기체를 만드는 데에 어려움에 부딪힌 보잉사는 30년이 지난 구식 모델인 B747 기종과 B767 확장형을 개량하는 대신에 새로운 중형 기종을 개발하기로 결정하였다. 그래서 다른 항공기 제작에서 한 번도 시도된 적이 없는 최첨단 컴퓨터 디자인 방식과 이른바 페이퍼리스 디자인 paperless design을 채택하여 1990년부터 설계를 시작하였다. 설계에서는 특히 시장 수요와 고객의 욕구를 최대로 충족시킬 수 있는 항공기를 디자인하는데 큰 비중을 두었다. 그 결과 객실의 공간이 넓어졌고 구조도 필요에 따라 융통성 있게 변화시킬 수 있도록 하였으며 운항 비용도 크게 절감되었다. 최초 공급은 1995년 5월에 시작되었으며 305명에서 320명까지 태우고 5,850마일을 비행할 수 있었다. 1997년 2월 기체를 더욱 연장하여 탑재중량과 좌석 수를 늘린 개량형이 나왔다. 이 개량형은 같은 수의 승객을 싣고 8,860마일을 비행할 수 있었다. B777의 경우 과거 다른 여객기에 옵션으로 채택되던 각종 첨단 시스템을 비롯해 위성통신, 자기위치 확인 시스템 등 항공기에 있어서 가장 기본이 되는 80여 가지의 시스템이 대부분 기본사양으로 채택되었다. 또한 중요 비행정보, 항로, 엔진 정보가 B747과 같이 6개의 대형 스크린에 표시되는데, B777의 경우 그 스크린으로 기존의 CRT 스크린의 반 정도 두께의 새로운 평면 액정판 LCD를 채택하였다. LCD는 공간을 절약해줄 뿐 아니라 동력 소비가 적으며 발생하는 열도 적어서 예전 계기판에 필요했던 무겁고 복잡한 냉각 시스템을 필요로 하지 않는다. 이러한 LCD 계기판은 조종 안전성을 높여줄 뿐 아니라 수명도 길다.

엔진이 2개뿐인 쌍발 제트여객기로서는 세계에서 가장 큰 여객기로, 맥도널더글러스 DC-10이나 MD-11보다도 큰 규모를 자랑한다.

● B777-200

cathay pacific airways

● B777-200 Seat map

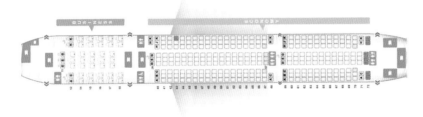

Source : www.cathaypacific.com

● B777-200 항공기 제원 fleet specification

구 분	내 용
전장 overall length	63.7meter
전폭 wing span	60.9meter
전고 height	18.5meter
순항속도 cruising speed	896Km/h
최고 순항 고도 max. cruising altitude	13,137meter
최대 항속 거리 max. range	9,649Km
좌석 수 seating capacity	310seats
엔진 engines	2engines
최대 이륙 중량 max. take-off weight	247,200kg

171

● B777-300 항공기 제원fleet specification

구 분	내 용
전장overall length	73.86meter
전폭wing span	60.96meter
전고height	18.44meter
순항속도cruising speed	905Km/h
최고 순항 고도max. cruising altitude	110.95meter
최대 항속 거리max. range	11,029Km
좌석 수seating capacity	376seats
엔진engines	2engines
최대 이륙 중량max. take-off weight	299,380kg

5) B747-400

united airlines

1988년 4월 29일 첫 비행이 이루어졌으며, 1989년 2월 9일 미국 보잉 B747은 팬아메리칸 월드 항공의 요구로 미국의 보잉사가 개발한 대형 여객기이다. 점보 제트jumbo jet 라고도 불리는 B747은 에어버스 A380 다음으로 세계에서 가장 거대한 비행기이다. B747-400은 747계열기 중 12번째 모델이다. 1985년 10월에 개발 착수되었으며, 1988년 1월 26일, 당시 새로 개발된 B747-300과 동시에 출고되었다. 노스웨스트항공이 상용 서비스를 처음으로 시작하였다. 이전 모델에 비해 크게 늘어난 탑재량과 디지털화된 조종 장치 도입에 따른 필요 조종사 수의 감소(3인→2인), 엔진 교체에 따른 연비개선으로 항속거리가 증가하였다. 타 기종과는 달리 화물과 승객의 콤비형 모델이 개발되었는데, 1989년 3월 23일 처음 출고되어 같은 해 6월 30일 첫 비행을 마치고 9월 12일에 KLM이 상용 서비스를 시작하였다. 국내선 모델의

경우 1991년 2월 18일 처음 출고되어 3월 18일 첫 비행을 마치고 10월 22일의
일본항공이 상용 서비스를 시작하였다. 2001년 9 · 11 테러와 원유가 상승 및
B777-300의 등장에 따른 주문 감소와 2005년 B747-800의 개발로 인해 수주를
정지하였으며 2009년 9월 단종되었다.

외형상 특징은 주 날개에 4개의 엔진이 장착되어 있으며, 주 날개 양쪽 끝에
Winglet이 장착되어 있다.(Winglet : 비행 중 날개 끝에서 공기저항을 유발하는
소용돌이 현상을 감소시켜 비행성능을 향상시켜 줌)

• B747-400

lufthansa airlines

• B747-400 Low deck seat map

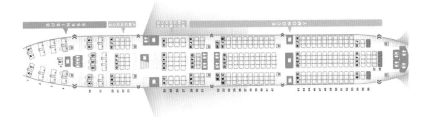

Source : www.lufthansa.com

173

● B747-400 Upper deck seat map

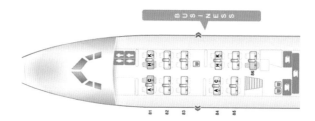

Source : www.lufthansa.com

● B747-400 항공기 제원 fleet specification

구 분	내 용
전장 overall length	70.7meter
전폭 wing span	64.92meter
전고 height	19.41meter
순항속도 cruising speed	915Km/h
최고 순항 고도 max. cruising altitude	13,747meter
최대 항속 거리 max. range	13,585Km
좌석 수 seating capacity	384seats
엔진 engines	4engines
최대 이륙 중량 max. take-off weight	412,800kg

〈표 6-4〉 항공기 보유대수 상위 TOP 10 항공사

합 계		
순 위	항공사	보유대수
1	American Airlines	951
2	Delta Airlines	812
3	United Airlines	715
4	China Southern Airlines	663
5	Federal Express	656
6	China Eastern Airlines	431
7	Air China	386
8	Ryanair	365
9	Lufthansa	362
10	Turkish Airlines	299
24	Korean Air	160
	Asiana Airlines	83

Source : IATA world air transport statistics, 2016.
주) 1. 항공사별 항공기보유대수는 매년 일정하지 않으나 보유 대수 상위 항공사는 큰 변동 없음

제3절 항공기의 기본적 이해

1. 항공기와 비행기

오늘날 항공기라고 하면 대체적으로 고정된 날개의 비행기 또는 회전하는 날개를 가진 헬리콥터를 가리킨다.

이처럼 비행기aeroplane-영, airplane-미는 추진 장치를 갖추고 고정날개에 생기는 양력을 이용해 비행하는 항공기다.

비행기는 추진 장치에 따라 크게 프로펠러기와 제트기로 구별된다. 프로펠러기에는 실린더 속을 피스톤이 왕복하여 크랭크축을 돌리는 피스톤 기관(왕

복기관)으로 프로펠러를 구동하는 것과 가스터빈으로 프로펠러를 돌리는 터보프롭기가 있다.

피스톤 기관은 1953년쯤 터보프롭이 실용화된 이래 점차 자취를 감추어 오늘날에는 극히 마력이 작은 것을 제외하고 거의 터보프롭이 프로펠러기의 주류를 이루고 있다. 제트추진은 다량의 가스를 고속으로 뒤쪽으로 분출해 그 반동으로 전진추력을 얻는 방식으로 오늘날 제트기에 주로 사용되고 있는 것은 터보제트기관이다.

비행기는 착륙장치에 따라서 육상기, 수상기, 수륙양용기로 분류되고, 용도에 따라서는 민간기와 군용기로 크게 구별된다.

2. 항공기 가격 및 수명

모든 항공사는 취항노선에 가장 효율적이고 적합한 항공기 운영을 경영의 핵심 전략으로 삼고 있다.

특히 신규 노선에 대한 항공기 투입 결정은 운항노선의 거리와 항공기 성능, 공항조건, 여객 수요, 항공기 운항원가 등 여러 가지 요인을 참고한다. 따라서 항공사가 신규 항공기를 도입할 경우에는 위의 모든 조건들을 고려해야 한다.

대형 항공기는 제작(가능) 대수도 상대적으로 적고 가격도 거액이기 때문에 주문생산 방식을 채택하고 있다. 현재 대형 항공기를 제작할 수 있는 곳은 보잉사와 에어버스사가 있다. 보잉사는 우리가 흔히 점보기라고 부르는 B747-400을 제작하고 있으며 이외에도 B777, B737 등을 제작한다.

보잉사가 발표한 자료에 따르면 B747-400은 약 2,220~2,530억원(약 1억 8750만~2억 1,450만 달러)에 달하며, B777-300ER은 약 2,400~2,800억원(약 2억~2억 3천만 달러)이다. 중소형기인 B737-800은 약 690~770억원(약 5천7~6천4백만 달러)이다.

신규 도입 항공기 가격은 항공사와 제작사의 계약조건과 옵션에 따라 달라진다. 일반적으로 항공기의 기본가격에 제작기간 동안의 물가 인상률, 옵션가격 그리고 제작사가 적용하는 할인율에 의해 결정된다. 특히 현대 항공기들은 안전운항을 위한 고가의 최첨단 장비를 탑재하고 있어 가격이 높다.

항공사는 보통 새로운 노선 개설이나 항공수요 증대, 운항 항공기의 노후화와 채산성의 저하, 항공기 제작사의 신형기 개발, 경쟁관계에 있는 항공사의 신기종 도입 등 경쟁력 유지를 위해서 새 항공기를 도입하게 된다.

항공기의 수명은 정비 및 점검에 의해 달라진다. 항공기 시스템을 구성하고 있는 각종 부품은 각각 서로 다른 수명을 가지고 있기는 하지만 모든 부품이 교환이나 수리가 가능할 뿐 아니라 프로펠러나 엔진도 쉽게 교환할 수 있기 때문에 부품이 노후되거나 고장났다고 해서 항공기의 수명이 다했다고 할 수는 없다

정기적인 정비와 항공기 및 엔진, 부품의 제조회사에서 재료와 부품이 계속 공급되는 한 이론상으로는 항공기의 수명은 계속 연장될 수 있으며 기술적, 구조적으로 항공기의 수리가 불가능할 경우 그 수명이 다했다고 할 수 있다.

하지만 항공기 제조회사들은 항공기 설계 시 설계수명을 설정, 항공기 각 구조물과 부품이 받는 하중과 마모 정도를 규정하여 장기간에 걸쳐 운항한 항공기의 안전을 점검하도록 하고 있다.

현재 보잉사는 설계 시 항공기의 각 구조에 균열이 발생하지 않기 위한 기준이 되는 최소한의 기간을 20년이나 2만회의 착륙 또는 6만 비행시간으로 설정해 놓고 있다.

또한 항공기 운항기능이 현저하게 저하되고, 광범위한 항공기의 피로로 여러 개의 균열이 기체에 발생하는 결함을 방지하기 위한 특별 점검이 요구되는 시점으로 3만회 착륙이나 11만5천 비행시간을 설정해 놓고 있다.

따라서 이 조건에 도달하는 모든 항공기는 특별점검을 의무적으로 수행해야 하며 추가로 기간을 연장하기 위해서는 항공기 제작사에서 요구하는 특별 정비를 받아야 한다.

따라서 항공기 제작사가 요구하고 있는 한계시점에 도달하기까지는 비행 착륙 횟수로 약 41년, 비행시간으로는 약 32년이 소요된다.

항공기 수명은 정기적인 부품 교환과 점검으로 일반인들이 상상하는 것보다도 오래 지속될 수 있다. 하지만 항공기의 수명은 신형 항공기 출현에 따른 채산성 악화로 인한 채산수명 단축, 엔진이나 부품의 공급 중단에서 비롯되는 실용수명 단축 등으로 결정되기도 한다.

따라서 항공기의 수명은 상당히 복잡한 요소에 의해 좌우되며 대부분의 항공기는 채산성 악화로 인한 모델 생산중단이나 부품 중단으로 말미암아 퇴역하고 있다.

대한항공 korean air

고객들은 최신형에 열광한다. 특히 대한민국은 세계 최고의 Early Adaptor 마켓이다. 세계 유명 회사들은 자사의 최신 상품 테스트 마켓으로 한국을 선정해 시장 반응을 조사하기도 한다. 항공사의 광고 역시 이러한 트렌드trend를 벗어나지 않는다. 최신형 항공기가 주는 이미지는 보다 안락한, 보다 안전한, 보다 쾌적한, 보다 빠른 등의 이미지이다. 그리고 대한민국 최초로 도입하는 항공기라면 홍보 효과 또한 극대화될 수 있다. 하늘에 떠있는 5성급 호텔이라 불리우는 초대형 여객기 A380은 프랑스의 에어버스가 개발한 2층 구조의 초대형 여객기이다.

179

3. 항공 스케줄과 항로

　스케줄은 항공사의 항공기 보유 대수, 운항시간, 기종, 운항 편수 등을 감안해 가장 효율적으로 편성한다. 승객에게 가장 편리한 스케줄은 바로 경쟁력 좋은 상품이기도 하므로 항공사들은 보다 좋은 스케줄을 확보하고 제공하기 위해 최선의 노력을 한다.

　스케줄을 짤 때 고려하는 사항이 몇 가지 있다. 우선 항공기의 효율적 운용의 측면이다. 단거리 노선의 상용 승객들은 목적지에서 하루를 온전히 활용할 수 있는 이른 시간대의 스케줄을 선호한다. 그러나 이 시간대에 항공편을 몰아서 편성하면 그 시간대에만 집중되고 그렇지 않을 때에는 항공기가 대거 지상에 주기하게 되므로 비효율적이다.

　그러므로 선호 시간대가 다른 노선의 연결 편성으로 운항시간을 일부 분산하는 것이 항공기를 효율적으로 운영하면서도 편리한 스케줄을 확보하는 방법이다. 예를 들면 출장이나 상용 승객이 많은 도쿄 노선은 오전에, 신혼부부나 가족여행자가 많은 방콕, 대양주 노선은 저녁에 운항하는 경우가 그 예이다.

　공항시설의 한계 때문에 항공편을 선호시간에 편성하지 못하거나 심야 시간대에 운항하지 못하는 경우도 있다. 공항마다 이·착륙 운항횟수 제한규정이 있고 일부 공항에는 야간 소음규제가 있기 때문으로 인천공항의 경우는 시간당 38편, 김포공항은 32편으로 이·착륙 횟수가 제한되어 있다. 또 김포·김해공항은 야간 운항이 제한된다. 인천공항에는 특별히 야간운항 제한은 없으나 시내와의 연결 교통편 등 승객들의 불편을 고려해 불가피한 경우를 제외하고는 가급적 심야 시간대의 스케줄 편성은 지양하고 있다.

　시간대 편성에 영향을 미치는 또 하나의 요인은 국가 간의 시차다. 유럽행의 경우 저녁에 출발하면 심야에 도착하므로 도착지에서의 편의를 위해 출발시간을 낮 시간대로 편성한다.

　항공기 스케줄에 투입하는 기종은 일차적으로 수요 규모와 운항거리, 항공기 성능 등을 고려하고 다음에는 공항시설이나 항공협정 등 제약요건을 감안한다. 일부 공항은 만성적인 좌석난에도 불구하고 활주로나 항법장비의 문제로 대형 항공기의 운항이 불가능한 경우가 있다. 국내에서도 활주로 길이나 강도 등의 문제로 소형기만 운항이 가능한 공항들이 적지 않다.

하늘의 길을 항로라 부른다. 눈에 보이지 않지만 항로도 지상의 도로와 유사한 점이 많다. 항로마다 고유 명칭이 있고 양방향 통행을 위한 고도분리 그리고 지상의 고속도로에 해당하는 고고도 항로와 일반도로에 해당하는 저고도 항로, 무조건 항로를 만들 수 없다는 점 등이 그것이다. 또 고속도로 통행료 대신 영공 통과료를 내야 하고 시간대에 따라 교통량이 다른 현상을 보이는 것, 도로포장과 교량건설 대신 항행안전시설을 설치해야 하는 것 등도 유사한 점이다.

항로의 변천은 항행안전시설 및 항공기 항행장비의 발달과 함께 했다. 초창기에는 라디오 방송국에서 쓰는 중파를 이용해 항로를 설정했다가 점차 초단파를 이용한 무선시설로 구성된 보다 정밀한 항로를 이용했다.

여기서 발전해 관성항법장치를 이용, 지상의 항행시설이 없는 해양지역 운항도 가능하게 되었으며, 오늘날에는 위성과 무선항법장치를 이용하는 단계까지 발전했다. 가까운 미래에는 항공기에 위성항법장치 수신기만 장착하면 모든 지역에서 이용 가능한 위성항행 체제가 일반화될 전망이다.

항로를 선택하는데 중요한 요소는 기상이다. 예를 들어 한국에서 미국으로 갈 때와 올 때의 비행시간이 2시간 이상 차이나는 것은 바람의 영향 때문이다. 바람은 지역이나 계절에 따라 일정한 경향이 있기는 하지만 비행예정 시간대의 바람 성분을 분석해서 가장 경제적인 항로를 선택한다. 이것이 장거리 노선의 항로가 매번 바뀌는 이유다.

1970년대 말까지만 해도 항법사가 탑승해 육안으로 보이는 천문을 관측해서 조종사에게 항공기의 방향을 지시해 주어야 했다. 그러나 최근에는 비행관리 시스템을 장착해 비행할 항로와 주변의 장애물, 기상상태를 조종사가 화면으로 볼 수 있다.

● 핀란드항공

핀란드를 대표하는 국영 항공사 핀에어finnair는 세계 금융 위기가 터진 2008년부터 4년 연속 적자를 냈다. 대륙 간 장거리 노선은 에미레이트항공, 카타르항공 등의 중동 항공사들이 막강한 자금력을 앞세워 치고 들어왔다. 유럽 단거리 노선은 저비용 항공사들이 영역을 확장하고 있었다. 1923년 설립되어 세계에서 다섯째로 오래된 항공사의 앞날은 매우 어두웠다. 위기 타개를 위해 2억 유로(약 2500억원) 규모의 비용 절감을 위한 구조 조정 카드를 꺼냈지만 노조의 반발은 거셌다. 2013년 6월 페카 바우라모(Vauramo · 59) 최고경영자 (CEO)는 주저앉은 핀에어를 다시 이륙시킬 구원투수로 등판했다.

바우라모 CEO는 취임 후 1년 반 동안 구조 조정 작업에 집중하여 회사가 성장할 수 있는 발판을 마련하였다. 바우라모 CEO는 핀에어의 거점인 '헬싱키 -반타' 공항이 아시아와 유럽을 가장 짧은 항공로 연결한다는 지리적 이점에 주목했다. 2015년 에어버스 최첨단 항공기 A350 XWB(extra wide body)가 운항을 시작하면서 아시아 지역 장거리 노선 확대 전략에 박차를 가했다. 핀에어는 유럽 항공사 중 처음으로 A350 기종을 운항해 승객들의 호응을 얻었다. 그 결과 핀에어의 승객 수는 2015년 1000만명을 돌파했고, 같은 해 영업 실적은 흑자로 전환됐다. 2016년 영업이익은 5520만 유로로 2015년보다 두 배 이상 늘었다. 핀란드항공은 유럽과 아시아지역 노선의 지리적 이점에 집중해 현재는 가장 빨리 성장하는 북유럽 항공사로 발돋움했다.

4. 항공기 착륙과 지상조업장비

일반적으로 항공기가 공항에 착륙할 때 바퀴가 활주로에 닿았는지도 모를 정도로 부드럽게 접지하면 승객들은 비행기 조종을 잘하는 것으로 생각한다.

반면 '덜커덩'하는 충격을 느끼면 조종사의 실수로 여겨 실력을 의심하는 경우도 있다.

항공기의 착륙 접지는 현지 공항사정 또는 기상조건 등에 따라 그 방법이 결정된다. 기상과 활주로 노면조건 등이 양호한 경우, 보통 강하율이 분당 100피트 정도의 속도로 착륙하게 되는데 이때 승객은 접지가 부드럽게 이루어졌다고 느끼게 된다. 이를 항공용어로 소프트랜딩이라 한다.

그러나 눈이나 비가 내려 활주로 노면이 미끄러울 때나 활주로 상에 강한 바람이 부는 경우는 부드러운 접지보다는 충격적인 접지를 해야 안전하게 착륙할 수 있다. 또한 착륙하는 데 필요한 활주로 길이보다 짧은 활주로에 불가피하게 착륙해야 하는 경우 등도 마찬가지다. 이때는 보통 강하율이 분당 200~300피트에 이르는데 승객들은 착륙의 느낌을 좀 더 강하게 받게 되며 조종사의 착륙기술이 서툴다고 오해하기도 한다. 또한 소프트랜딩과 비교해서 하드랜딩이라고도 말하는데 이는 잘못된 표현이다.

정확하게 말하면 충격식 착륙방법, 즉 펌 랜딩이라고 한다. 이상 상황에서 활주로와 타이어와의 마찰계수를 높임으로써 활주거리를 단축하여 항공기가 활주로에서 이탈하는 것을 방지하는 기법이다. 보통 외국인 조종사들은 기상조건에 관계없는 이·착륙 방법을 선호하는 경향이 있기 때문에 우리나라 조종사들에 비해 상대적으로 착륙을 난폭하게 하는 것처럼 느껴지기도 한다.

조종사들은 훈련단계에서부터 이러한 착륙기법을 익힌다. 그리고 항공기 제작사들도 설계 시 이와 같은 충격에도 항공기가 이상 없이 작동할 수 있도록 제작에 반영하고 있다.

이 방법은 얼마간의 충격은 불가피한 것이지만 규정대로 안전벨트만 잘 매고 있으면 무시해도 좋을 만큼 안전한 착륙방법이기도 하다.

극히 예외지만 조종사의 의도와는 상관없이 접지순간 갑작스러운 돌풍으로 항공기가 활주로에 강하게 부딪히면서 착륙하는 경우가 없지 않는데, 이 경우는 착륙 바퀴에 손상을 입는 등 기체에 무리가 올 수도 있다. 이를 하드랜딩이라 한다.

이·착륙 순간은 항공기 운항 중 가장 철저하게 안전수칙을 준수해야 한다. 일부 승객들이 착륙 중에 승무원의 제지에도 불구하고 짐을 옮긴다든지 화장실을 가기 위해 이동한다든지 하는 것은 자신 뿐 아니라 타인의 안전을 위해서도 반드시 삼가야 할 일이다.

항공기가 도착하면 크고 작은 여러 대의 차들이 다가와 트랩을 갖다 대거나 짐들을 실어 나르는 것을 보게 된다.

이들 차량은 항공기 지상조업 차량들로 항공기의 도착뿐만 아니라 출발이나 활주로 및 유도로로 이동하는 것을 돕는 장비들이다.

우선 승객들이 흔히 볼 수 있는 것은 램프버스로 항공기가 탑승교로 바로 연결되지 않고 원거리에 주기할 경우 승객을 여객청사 또는 항공기로 이동시키는 수송수단이다. 스텝 카step car도 이 때 사용된다. 이는 등에 계단을 업은 차로 승객이 항공기에 오르거나 내릴 수 있도록 계단 역할을 하는데, 항공기 기종에 따라 높낮이 조절이 가능하다.

수하물이나 화물들은 일정한 용기인 컨테이너에 담아 탑재하는데 이것들을 항공기에 싣거나 내리는 작업을 담당하는 장비는 카고 로더다. 비슷한 역할을 담당하는 것으로는 컨베이어카가 있는데 화물칸의 수하물들을 직접 싣고 내리는 데 사용되며 주로 소형기에 적당하다.

항공기를 타고 내릴 때 주의해서 보면 항공기 후미 쪽에 또 다른 차가 싣고 내리는 작업을 하는 것이 보이는 데 이것은 바로 케이터링 카다.

보통 푸드 카food car라고도 하는데 비행 중 제공하는 기내식을 싣고 내리는 장비이다. 기내식 제조공장과 항공기간에 기내식을 수송하는 차량으로 냉장 등 특수 기능들이 내장되어 있어 기내식의 신선도를 유지해준다.

그리고 빼놓을 수 없는 것은 바로 연료공급을 위한 탱크가 장착되어 있는 급유차이다. 규모가 큰 공항의 경우 지하에 매설되어 있는 항공유 공급 파이프를 통해 항공기로 급유하는 장비도 있다.

또한 화장실의 오물을 청소하는 래버토리 트럭lavatory truck이나 음용수를 공급해 주기 위한 워터 트럭water truck도 작업을 위해 대기하고 있다.

이밖에도 시동이 꺼져 정지되어 있는 항공기 내에 전원을 공급해서 다음 승객들을 위한 객실청소, 정비 등 기체작업을 가능하게 해주는 장비인 GPUground power unit, 다음 승객들이 탑승할 때 기내에 냉기나 온기를 넣어주는 외부 장치인 ACUair conditioning unit는 정지되어 있는 항공기 기내를 시원하게 하거나 따뜻하게 만들어 준다. 항공기가 시동을 걸고 출발하고 나면 자체적으로 기내에 냉온기 공급이 가능하기에 이들은 시동이 꺼져 있는 초기에만 필요한 장비들이다.

또 항공기를 뒤로 밀거나 끌어서 견인, 이동시키는 장비인 토잉 트랙터 towing tractor나 압축공기를 이용해 항공기의 시동을 도와주는 ASUair start unit 등 여러 장비들이 지상조업을 돕고 있다.

5. 항공기 연료

B747-400 점보기가 서울에서 LA까지 가기 위해서는 약 127톤의 연료를 싣는다. 8톤짜리 유조차 16대분에 해당된다.

항공기 연료는 날개 내부와 동체 중앙부분에 저장된다. 날개가 연료탱크 역할을 하는 것이다.

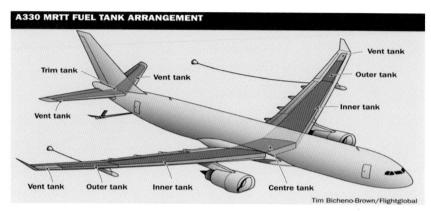

source : www.airbus.com

[그림 6-1] 항공기 연료 저장 탱크

비행 중에 연료가 한쪽으로 쏠리지 않게 하기 위하여 날개 내부에 중간 중간을 칸막이로 막아 몇 개의 방으로 나누고 방마다 연료를 채우게 되어 있다. 바로 비행 중에 기체가 좌우로 흔들릴 때 연료가 한쪽으로 쏠리는 것을 막고 특정 탱크에 이상이 생겨 연료를 공급할 수 없는 상황이 발생했을 때 이를 격리시키므로 안전성을 확보할 수 있는 것이다.

최근에 도입되는 항공기들은 꼬리날개 부분에도 연료를 저장하는데, 이것은 보다 많은 연료를 탑재하여 보다 멀리 비행을 하기 위한 것도 있지만 항공기 무게중심을 최적으로 잡아 비행 자세를 유지시켜 연료를 절감하는 역할도 한다.

이 항공기에 탑재된 연료는 엔진과 보조동력장치의 가동에 사용되는데 각 엔진까지는 파이프를 통하여 공급된다. 이때 연료는 부스터 펌프라는 연료탱크 내의 펌프로 압력을 가해 공급한다.

연료공급은 기본적으로 특정 탱크는 특정 엔진에만 공급하도록 되어 있으나, 비정상적인 상황이나 고장 등으로 인한 날개간의 불균형 발생에 대비하여 어떤 탱크로부터도 연료를 공급받을 수 있게 설계되어 있다.

연료공급은 항상 항공기 동체 내부에 위치한 중앙 탱크부터 시작되어 날개 좌우 안쪽에 위치한 탱크, 그리고 마지막으로 날개 바깥쪽 탱크의 연료 순으로 사용한다.

이처럼 동체 안쪽부터 연료를 사용하는 것은 비행 중 날개 위쪽 방향으로 압력이 발생하여 날개가 위로 휘게 되므로 날개 끝의 연료를 가장 나중까지 남겨둠으로써 기체 구조상의 안전을 도모하고자 하는 것이다.

한편, 무게중심 조절은 조종사가 입력하는 연료 수치를 기준으로 컴퓨터가 자동으로 계산해 조절하게 된다.

우리나라 항공사의 연료탑재 정책은 국토교통부가 인가한 운항규정에 의해 정의된다. 이는 미연방항공국FAA 및 국제민간항공기구ICAO 규정에 만족하고 있는데, 이를 살펴보면 출발지 공항에서 도착지 공항까지 예상되는 소모연료에 다음 세 가지의 경우를 대비하기 위한 예비연료를 추가해야 한다.

첫째, 출발지 공항에서 도착지 공항으로의 비행 중 예기치 못한 관제 지연, 악천후나 기류로 인한 지연, 항로 우회 등으로 인해 발생할 수 있는 소모연료 증가에 대비한 연료이다. 보통 예정 비행시간의 10% 시간 이상의 추가 비행이 가능한 연료를 탑재하고 있다. 예정 비행시간이 2시간 30분(150분) 이내인 경우라도 최소 15분 연료를 추가로 탑재하고 있다.

둘째, 도착지 공항의 기상관계 혹은 공항사정으로 인해 착륙이 불가능할 경우를 대비해 교체공항까지 비행하는데 소모되는 연료이다.

셋째, 교체공항에서 30분간 체공하는데 소모되는 연료로 교체공항 상공에서 선회하는 경우를 반영한 것이다.

위와 같은 법정 연료탑재의 실례를 들면 B737-400 항공기로 서울에서 제주를 비행할 경우 소모연료는 4천9백 파운드이지만, 8천9백 파운드의 예비연료를 추가로 탑재해 운항하고 있다.

〈표 6-5〉 주요 항공기의 연료량

항공기	시리즈	연료량
A380	−800	820드럼
A330	−300	763드럼
B787	−9	632드럼
B777	−200	904드럼
	−300	960드럼
B747	−200	1,031드럼
	−300	1,080드럼
	−400	1,146드럼
B737	−800	138드럼
	−900	
MD11	−	772드럼
MD80	−82	117드럼
	−83	139드럼

주) 1드럼 = 약 200리터(현대 소나타sonata의 연료탱크 용량은 약 65 liters임)

7

공항의 이해

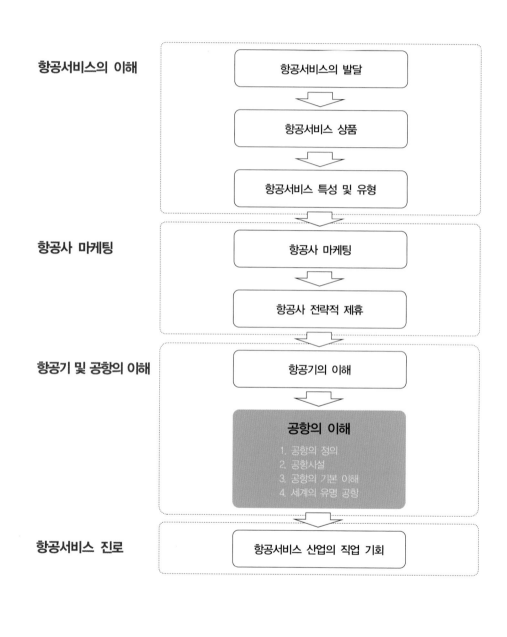

항공서비스의 이해

항공서비스의 발달

항공서비스 상품

항공서비스 특성 및 유형

항공사 마케팅

항공사 마케팅

항공사 전략적 제휴

항공기 및 공항의 이해

항공기의 이해

공항의 이해

1. 공항의 정의
2. 공항시설
3. 공항의 기본 이해
4. 세계의 유명 공항

항공서비스 진로

항공서비스 산업의 직업 기회

제7장 공항의 이해

제1절 공항의 정의

1. 공항의 정의

국제민간항공기구ICAO는 '공항이란 항공기의 도착, 출발 그리고 지상이동을 위하여 일부 또는 전체가 사용되는 건물, 시설물 등이 포함된 육지나 수상의 일정구역'으로 정의하면서 공항을 Aerodrome으로 표기하였고, 미국 연방항공청FAA은 '공항이란 여객이나 화물을 항공기에 싣거나 내리기 위해 정기적으로 이용되어지는 착륙지역'으로 정의하면서 공항을 Airport로 표기하였다. 공항과 비행장이라는 용어를 구분하여 사용한다면 공항이란 항공기 이·착륙지원시설 뿐만 아니라 여객과 화물을 처리할 수 있는 시설을 갖춘 장소를 의미하고, 비행장이란 항공기 이·착륙지원만을 할 수 있는 시설을 갖춘 장소의 의미로 사용된다. 비행장이 공항보다 넓은 의미로 사용될 수 있어서 공항은 비행장의 범주에 포함된다고 볼 수 있지만, 모든 비행장을 공항이라 칭할 수는 없다.

우리나라 항공법에서는 '공항이란 항공기의 이륙·착륙 및 여객·화물의 운송을 위한 시설과 그 부대시설 그리고 지원시설 등 공항시설을 갖춘 공공용 비행장으로서 국토교통부장관이 그 명칭·위치 및 구역을 지정·고시한 지역'으로 정의하였고, 공항시설은 다시 기본시설, 지원시설, 도심 공항터미널 및 헬기장 시설로 구분하였다. 공항시설에는 공항구역 밖에 있는 시설도 포함하고 있는데, 이러한 공항 시설의 요소에 대한 설명은 다음과 같다.

첫째, 기본시설에는 활주로·유도로·계류장·착륙대 등 항공기의 이·착륙시설과 여객청사·화물청사 등 여객 및 화물처리시설, Radar·항공 등화시설 등 항행안전시설, 관제소·송수신소·통신소 등 통신시설 / 기상관측시설, 주차시설, 경비보안시설 등이 포함된다.

둘째, 지원시설에는 항공기 및 지상조업장비의 점검·정비 등을 위한 시설, 운항관리·의료·교육훈련·소방시설 및 기내식 제조공급 등을 위한 시설, 공항의 운영 및 유지보수를 위한 시설, 공항이용객을 위한 편의시설, 공항근무자의 후생복지시설, 공항이용객을 위한 업무·숙박·판매·위탁·운동·전시·관람·집회 등의 시설, 공항의 접근교통시설, 조경·방음벽·공해배출방지시설 등 환경보호시설, 전기·통신·냉·난방시설, 상·하수도시설, 항공기 급유시설, 항공화물 창고시설 및 기타 필요한 부속시설 등이 포함된다.

셋째, 도심공항터미널은 공항구역 외에서 항공여객 및 항공화물의 수송 및 출입국수속에 관한 편의를 제공하기 위하여 이에 필요한 시설을 설치하여 운영하는 것을 말한다. 헬기장 시설은 헬기장 안에 있는 여객·화물처리시설 및 운항지원시설 등이다.

2. 비행장과 공항

비행장은 항공기가 이·착륙하는데 사용되는 구역을 말한다. 이·착륙 활주를 하기 위해 필요한 시설과 항공기를 주기하고 정비점검을 위한 건물 또는 시설 등이 모두 비행장에 포함된다. 비행장은 그 용도나 특성에 따라 다양하게 구분된다. 설치된 장소에 따라 육상비행장과 수상비행장으로 나뉘며 헬리콥터와 같은 수직 이착륙기가 뜨고 내리는 헬리포트 등으로도 구분된다.

또한 사용목적에 따라 군용비행장과 민간비행장으로 구분되고, 비행장의 기능에 따라 정규비행장, 대체비행장, 훈련비행장 등으로 나뉜다.

이러한 비행장 중 민간항공용으로 여객과 화물을 취급하기 위한 일체의 시설을 갖추었을 경우 공항airport이라고 한다. 공항은 현재 사용 중인 민간항공기가 최소한의 계기비행으로 이착륙이 가능해야 하며 국제공항은 이 기능 외에도 출입국관리업무C.I.Q(세관, 법무, 검역)를 위한 시설과 기능이 추가되어야 한다. 여기에 여객의 탑승과 통과, 화물의 탑재, 도착, 통과 등을 취급하는 시설과 대합실, 표지판, 항공사의 카운터, 화물 적재시설, 경비보안시설 등이 필요하고 부수적으로 직원과 승객, 환송객들을 위한 식당, 은행, 매점 및 교통수단을 위한 주차시설 등이 필요하다.

항공서비스산업이 발달한 미국은 9천여 개 이상의 공항이 있다. 우리나라의 경우 인천과 김포, 제주 등 일부공항을 제외한 지방 군소 공항 상당수가 공군과 민간이 활주로 등의 이·착륙시설을 함께 사용하는 혼용비행장의 형태로 운영되고 있다.

대한항공은 미국 뉴욕 JFK공항 내에 일본항공, 에어프랑스, 루프트한자 등 세계 유수 항공사들과 공동으로 터미널 원terminal one으로 불리는 대형청사를 운영하고 있다.

3. 공항의 기능

세계의 주요공항은 세계 각처에서 수천만의 승객과 수백 대의 여객기를 취급하는 국제적 교차로이다. 세계 최대 공항인 미국 애틀랜타atlanta 공항은 20초마다 항공기가 이착륙한다. 독일의 프랑크푸르트frankfurt 공항에는 12개의 식당, 10개의 스낵바, 옷가게, 약국, 치과, 은행, 슈퍼마켓, 디스코텍, 4개의 영화관 등이 있다. 정반대로 정기운항 항공편도 없고 부족한 시설의 소규모 공항도 수천 개나 있다.

공항은 항공기가 이·착륙하는데 지장을 주는 지형이나 건조물 등의 장애

물이 없어야 하며 항공기가 착륙대기하기 위해 체공선회(항공기가 공중에서
돌면서 기다리는 것)하는데 필요한 안전공역(안전한 공중의 지역)을 확보하도
록 항공법이 규정하고 있다.

공항의 주요기능은 다음과 같다.

첫째, 공항은 항공기가 안전하게 이·착륙하고 운항하기 위해 필요한 지상
시설(항공기본시설 및 항공보안시설) 뿐만 아니라 여객, 화물, 우편물 등을 취
급하는 시설(공항터미널)을 갖추고 항공수송을 원활하게 하는 기능을 한다.

둘째, 공항은 다른 교통수단과의 교환지점으로서의 기능을 수행한다. 이 기
능을 충분히 발휘하기 위해서는 항공로, 항공관제 능력, 공항주변의 토지이용
규제조치 및 공항지역 확정, 공항접근 등의 균형 있는 발전이 필요하다.

셋째, 공항은 여객, 화물, 우편물 등이 지상교통수단과 항공수송기관을 원활
하게 연결하는 기능을 한다.

또한, 공항은 공항의 기능 및 규모 등에 따라 구별하기도 하는데, 영국에서
는 공항을 공항의 기능과 규모 및 지리적 위치에 따라 관문공항gateway airport,
지역공항regional airport, 지방공항local airport, 일반항공공항general aviation
airport으로 구분하고 있으며, 미국에서는 공항의 사용 용도에 따라 상업용공
항commercial service airport과 일반항공용공항general aviation airport으로 구
분하고 있다. 일본에서는 공항의 기능 및 규모 등에 따라 관문공항을 제1종
공항, 지역거점공항을 제2종 공항, 지방공항을 제3종 공항으로 구분하고 있다.

4. 여객청사의 기능과 역할

여객청사는 공항의 핵심시설이며 승객과 항공기를 중심으로 여러 가지 기
능이 복합적으로 작용하는 지역이다. 공항을 이용하는 승객은 청사에 머무르
는 동안 여러 단계의 수속과정을 거치면서 다양한 여객편의시설을 이용하게
된다.

국제선 여객청사의 경우 출발승객은 청사 내에서 평균 1시간 이상을 머무르고 도착승객은 평균 30분 이상을 청사 내에 머무른다.

승객은 청사에 머무르는 동안 수속과정을 거치면서 공항이 제공하는 여러 가지 편의시설을 이용하게 되고, 이러한 시설들 중 상업시설은 공항수익을 올리는 기능을 하고 있다.

여객청사의 기능과 역할은 여객서비스기능, 수하물처리기능, 출입국관리기능 등으로 분류할 수 있다.

5. 허브공항의 개념

허브hub(중심공항)의 개념은 네트워크의 스포크(지선공항)라는 여러 공항으로부터 항공편들이 비슷한 시간대에 허브공항에 도착하도록 하는 것이다. 항공사가 노선망을 구성함에 있어서 취항도시를 선형으로 연결하지 않고 특정 공항을 중심으로 방사형으로 연결하는 것을 Hub & Spoke 시스템이라 한다. Hub & Spoke 시스템은 단순 항공운송기지로서의 역할뿐만 아니라 공항을 인근 대도시와 중소도시를 연결하는 복합 교통망을 구축함으로써 지역 거점 역할을 담당하고 있다.

Hub & Spoke 노선구조의 운영상의 이점을 살펴보면 다음과 같다. 첫째, 항공사는 최소 항공편의 횟수로 최대의 도시에 비행편을 제공할 수 있다. 둘째, 환승시간을 최소화할 수 있다. 셋째, 운항횟수를 최소화할 수 있다. 넷째, 동일 항공사간 환승 증가로 인해 비용을 줄일 수 있다. 다섯째, 항공사의 운임과 비행량을 조절할 수 있다. 여섯째, 신규 항공사의 시장 진입을 어렵게 함으로써 기존 항공사의 경쟁력 우위를 유지할 수 있다.

허브공항이 되기 위해서는 몇 가지 조건을 갖추어야 한다. 첫째, 다른 대륙의 대형공항에서 논스톱non-stop으로 운항이 가능한 지리적 위치에 있어야 하며, 둘째, 공항 자체의 교통량 및 환승 교통량이 많아야 한다. 셋째, 국적 항공사가 그 공항을 허브공항으로 사용해야 하며, 외국의 주요 항공사도 사용해야 한다. 넷째, 항공운송자유화정책이 적용되어서 공항이 모든 나라에 개방되고 공항시설의 이용과 접근이 쉬워야 하며, 또한 수속절차도 간소화해야 한다.

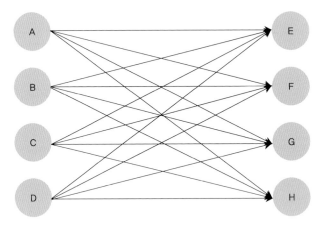

[그림 7-1] 일반적인 노선체계

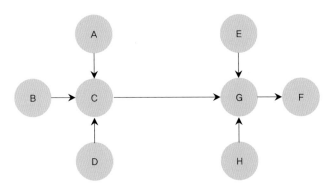

[그림 7-2] Hub & Spoke 노선체계

〈표 7–1〉 세계 주요 공항의 여객 처리실적　　　　　　　　　　　　　(단위 : 천명, %)

순위	도시, 국가(공항)	처리실적	증감률(%)
1	Atlanta GA, USA	ATL	101,491,106
2	Beijing, China	PEK	89,938,628
3	Dubai, United Arab Emirates	DXB	78,014,841
4	Chicago IL, USA	ORD	76,949,504
5	Tokyo, Japan	HND	75,573,106
6	London, United Kingdom	LHR	74,989,795
7	Los Angeles CA, USA	LAX	74,937,004
8	Hong Kong, China	HKG	68,283,407
9	Paris, France	CDG	65,766,986
10	Dallas/Fort Worth TX, USA	DFW	65,512,163
22	Incheon, Korea	ICN	49,412,750

자료 : ACI, World Airport Traffic Report, 2015년
주) 국내선 + 국제선, 출발 + 도착 기준

　ACIairport council international 가입 공항들의 처리실적을 살펴보면 가장 많은 여객을 처리한 공항은 미국의 애틀랜타공항으로써 2015년 1억 149만여 명을 처리하였다. 애틀랜타공항은 국제선 여객의 비중이 10.0% 수준으로서 국내선 여객처리 비율이 매우 높다. 전체 여객처리실적 2위 공항은 베이징공항으로 에미레이트 두바이 공항을 앞섰다.

베를린공항 berlin airport

베를린공항은 주위에 프랑크푸르트공항, 파리의 샤를르 드 골 공항, 네델란드의 암스테르담공항, 스위스의 제네바공항 등 유럽 주요 허브공항들이 위치하고 있어 상대적으로 운영상의 어려움이 있다. 베를린공항은 경쟁공항보다 여유가 있는 슬롯 등의 공항 시설을 강조하며 항공사들에게 어필 appeal하려는 노력을 하고 있다. 슬롯slot은 항공기 이착륙 시간(장소)을 뜻한다.

제2절 공항시설

국제공항은 세계 각지에서 몰려드는 여행자들의 편의를 위해 최고의 시설을 갖추고 있다. 간단한 식사나 차를 마실 수 있는 레스토랑과 스낵 바, 약국, 우체국, 소규모 점포, 의무실도 있다. 간단한 찜질을 받거나 항생제를 제외한 약품을 구할 수도 있다. 비즈니스센터, 미장원, 유료 라운지 등은 물론 무료로 인터넷을 사용할 수 있는 곳도 있어 사업상 급한 메일을 주고받거나 친구들에게 글을 남길 수도 있다.

이렇듯 기본적인 시설 이외에도 공항에는 이용객을 감동시키는 그들만의 노하우가 숨어있는 세심한 서비스들이 있다. 특히 환승하는 승객에게 가장 환영을 받는 공항은 암스테르담의 스키폴공항이다. 카지노, 사우나, 공항 안의 호텔, 향수가 있는 청결한 화장실, 시뮬레이션 골프연습장, 인터넷 카페 등은 스키폴공항이 최초로 도입한 서비스들이다.

환승 승객에 대한 서비스가 한층 발전한 곳이 싱가포르 창이공항이다. 장거리 여행의 피로를 풀 수 있는 객실, 사우나, 헬스클럽과 골프연습장은 물론이고 일광욕을 즐길 수 있는 노천 수영장과 거품 목욕탕, 무료 영화관, 가라오케까지 있다. 또한 각종 쇼나 마술 등의 행사가 연중무휴로 열리고 있어 시간을 재미있게 보내기에는 제격이다.

첨단시설로 여행자들의 편의를 도모하는 공항들도 많다. 50대의 노트북 컴퓨터가 마련되어 있는 도쿄 나리타공항에는 무료 인터넷 카페, 개인 또는 단체로 영상과 음악을 즐길 수 있는 오디오, 비디오 룸, 어린이용 놀이터인 플레이 룸에는 텔레비전 게임코너도 있다.

홍콩 첵랍콕공항은 승객들이 도착해 시내로 들어가는 고속전철을 탈 때까지 한 층의 층간 이동도 없이 물 흐르듯 이동할 수 있는 편리한 설계로 유명하다. 그만큼 무인철도나 자동보도 등이 터미널 곳곳에 세심하게 설치되어 있어 여행객들의 발이 되어주고 있다. 또한 저렴한 비용을 지불하면 누구나 전동차 서비스를 이용할 수 있다. 장애인이나 노약자, 유아를 동반한 승객, 짐이 많은 승객들은 무료로 포터서비스를 이용할 수 있도록 출국장과 입국장 등에 핫라인이 설치되어 있다.

런던 히드로공항은 세계에서 가장 물건이 많이 팔리는 공항답게 백화점 여유 공간에 탑승구가 있는 듯한 착각을 일으킬 정도로 다양한 면세 물건들이 있다.

하와이공항은 아이디어가 돋보이는 환영행사로 도착하는 이들을 기쁘게 한다. 이곳에 내리면 전통 복장을 한 하와이 여인들이 "알로하!"라는 환영 인사와 함께 하와이 전통 꽃목걸이 레이를 걸어준다. 자신들의 전통을 알리면서 휴양지의 분위기를 최대한 살리는 독특한 아이디어가 승객을 즐겁게 한다.

24시간 운영하는 방콕공항 면세점 내에서도 타이 전통의 멋을 듬뿍 느낄 수 있어서 좋다. 시카고 오헤어공항처럼 미술작품을 전시해 건물 자체가 예술품인 듯한 느낌을 주는 기분 좋은 공항도 있다.

우리나라의 인천국제공항은 공항사상 최초로 12년 연속 세계 최고 공항으로 선정되었다. 인천국제공항에 이어 싱가포르 창이공항이 2위에 올랐고 3위에는 중국 베이징 서우두공항이 선정됐다. 최고공항을 선정하는 국제공항협의회ACI는 세계 1700여 공항의 협의체다.

1. 착륙대 landing area

항공기가 이착륙하기 위해서 공항에 설치된 직사각형 형태의 평면을 착륙대landing area라 하며, 활주로runway, 과주대overrun area, 보조 활주로 등이 포함된다. 공항은 착륙대 크기로 등급이 정해지며, 항공법은 착륙대 규모를 9등급으로 구분하여 비행장의 규격을 정하고 있다.

활주로는 항공기가 이·착륙할 때 가속이나 감속하기 위해 필요한 지상의 활주용 노면을 말한다. 일반적으로 항공기의 이·착륙 조건이 바람에 의하여 영향을 많이 받게 되므로, 활주로는 공항 설치지역에서 바람이 가장 적게 부는 방향으로 설치하여 바람의 영향을 극소화할 필요가 있다. 활주로의 길이는 항공기의 이륙거리, 가속정지거리, 착륙거리 등 항공기의 이착륙 성능에 의하여 결정되며 공항의 표고 및 온도도 고려하여 설계해야 한다.

2. 유도로 taxiway

항공기가 활주로와 주기장 그리고 정비격납고 등의 지역을 왕복하는데 필요한 통로가 유도로taxiway이다. 항공기 이·착륙 횟수가 적은 공항에서는 활주로와 주기장을 연결하는 유도로가 하나만 있어도 되지만, 이·착륙 횟수가 많은 공항에서는 선회유도로, 평행유도로, 고속탈출유도로 등이 필요하다.

유도로의 수가 부족하면 항공기의 지상처리가 곤란하여 위험하고, 유도로의 배치가 잘못되어 있으면 지상 활주나 지상 대기 시 교통정체의 원인이 되거나 다른 항공기나 조업용 차량과 부딪칠 위험성이 있다.

3. 주기장 apron

주기장apron은 공항에서 여객의 탑승 및 하기, 화물의 탑재 및 하역, 연료보급 및 정비 등을 위하여 항공기가 주기하는 장소를 말하며, 터미널 빌딩과 정비지역에 접해서 위치하게 된다. 주기장은 목적에 따라 탑승주기장loading apron, 정비주기장maintenance apron, 야간주기장night-stay apron으로 구분되며, 주기장의 수를 나타내는 단위는 스팟Spot이 사용된다. 주기장의 규모는 주기대상 항공기, 필요한 스팟의 수 및 주기 방법에 의해 결정된다.

4. 격납고 hangar

비행기의 격납 및 정비하는 창고이다. 격납고는 충돌을 피하기 위해서 활주로에서 충분히 멀리 떨어져 있어야 한다.

5. 항공보안시설

항공기의 안전한 운항을 위해 지휘하고 유도해 주는 시설을 항공보안시설이라 한다. 공항에 설치되는 항공보안시설은 관제시설, 항공보안 무선시설, 항공등화시설의 세 가지로 구분된다.

관제시설air control tower은 항공기가 안전하고 질서 있게 운항하도록 지휘하고 지원하는 시설을 말하며 항공기 간의 충돌방지, 항공기와 지상 장애물과의 충돌방지, 항공교통의 질서유지 등을 확보하기 위한 것이다.

항공보안 무선시설은 전파에 의해 항공기의 운항을 지원하는 시설로 정밀진입용 시설인 계기착륙장치와 비정밀 진입용 시설인 초단파 전방향식 무선표지, 거리측정장치, 전술항법장치 등이 있다.

항공등화시설은 야간이나 비, 안개 등의 악천후에도 조종사가 정확한 판단을 할 수 있도록 충분한 정보를 주기 위하여 운항을 지원하는 시설로서 진입등, 활주로등, 유도로 등이 있다.

6. 공항터미널시설

공항터미널에는 여객과 화물의 취급 및 제반 운송업무 지원을 위한 시설이 설치되어 있다. 공항에는 항공사, 정부기관, 항공운송 관련업체 등이 복합적으로 구성되어 운영되고 있다. 여객취급시설은 공항별로 차이는 있으나, 일반적으로 1층은 입국, 2층은 탑승수속, 3층은 출국층으로 구성되어 있다.

최근 공항은 수입 및 이윤 극대화를 추구하는 비즈니스 공항으로 변화하고 있다. 이는 공항 운영의 재정적인 독립을 위해 더욱 가속화되고 있는 추세이다. 공항의 수입은 임대료와 컨세션료 두 가지로 구분된다. 임대 분야는 대개

항공사나 화물회사 등의 업무를 위한 공간 제공과 호텔, 케이터링회사, 항공기 제작사 등의 지원 업무를 위한 공간 제공으로 구분된다. 임대된 공간들은 사무실, 주차장, 각 항공사 전용 여객 라운지, 항공정비시설, 체크인 시설, 수하물 처리 공간 등으로 이용된다. 그리고 정부에 임대된 공간에도 일부 사용료를 부과하기도 한다.

컨세션으로 이용되는 공간은 대부분 상업적 서비스 제공 공간으로 사용된다. 컨세션 분야는 대부분 면세점으로 이용되며, 비면세 상업지역에서는 공항 근무자들이나 지역 주민을 대상으로 한 상업 활동이 이루어진다. 특히, 컨세션 분야는 터미널 내 업소 배치, 구조 및 면적에 따라 수입의 절대적인 영향을 받는다. 그러므로 여객의 흐름을 고려하여 기본 수속 처리와 컨세션 수입을 극대화하기 위한 배치를 해야 한다.

1) 항공사 시설

탑승수속 카운터, 발권 카운터, VIP와 상용승객을 위한 라운지 등을 운영하고 있다.

The ultimate lounge.
The ultimate luxury.

Welcome to an experience to
savour, where every moment
is to be treasured.

The new Qatar Airways Premium Lounge.
Now open in Heathrow Terminal 4.

Visit qatarairways.com/premium

World's 5-star airline.

카타르항공 qatar airways

카타르항공은 런던 히드로공항에 프리미엄 라운지를 운영하고 있다. 이러한 프리미엄 라운지는 VIP고객들
이 탑승하기 전에 휴식공간을 제공한다. 카타르항공은 7년 연속 중동지역 최고의 캐빈크루cabin crew 상을
수상한 기록이 있는 카타르의 국영항공사이다.

2) 정부기관 시설

CIQcustoms immigration quarantine라 불리는 세관, 출입국관리소, 동식물 검역소 등이 있으며, 이곳에서 항공여객을 관리 및 감독한다. 이외에 건설교통부, 지방항공국, 공항경찰대, 병무신고소, 기상측후소, 정보보안 수사기관, 한국무역진흥공사 등이 있다.

3) 승객편의 시설

공항에는 승객을 위한 식당, 은행, 우체국, 서점, 약국, 어린이 놀이방, 면세점 등이 있다. 특히 면세점의 경우 공항 내 상업 시설 중 가장 큰 수입이 창출되는 부문으로서 중요성이 증가되고 있다.

〈표 7-2〉 국제선 여객 및 화물 상위 10개 공항 (단위 : 천명, %)

국제선(여객)			
순위	도시, 국가(공항)		처리실적	증감률(%)
1	Dubai, United Arab Emirates	DXB	77,453,466	10.7
2	London, United Kingdom	LHR	69,816,491	2.5
3	Hong Kong, China	HKG	68,071,282	8.2
4	Paris, France	CDG	60,366,933	3.0
5	Amsterdam, Netherlands	AMS	58,245,545	6.0
6	Singapore	SIN	54,836,000	2.9
7	Frankfurt, Germany	FRA	53,994,154	2.4
8	Incheon, Korea	ICN	48,720,319	8.5
9	Bangkok, Thailand	BKK	43,251,807	16.3
10	Istanbul, Turkey	IST	41,998,251	10.1

Source : ACI, World Airport Traffic Report, 2015년
주) 국내선 + 국제선, 출발 + 도착 기준

두바이 면세점 dubai duty free

공항 면세점은 여행자의 편의를 도모하기 위하여 공항에 설치된 비과세상점을 말한다. 아랍에미레이트연합UAE의 두바이공항은 아라비안 반도의 허브공항이다. 아랍에미레이트는 많은 외국인들이 찾는 두바이공항에 위치한 이 면세점 하나로 매출 뿐 아니라 많은 민속 기념품의 판매를 통해 아랍 문화의 종주국으로서의 정체성을 확립해 나가고 있다.

4) 부대시설

지상조업사의 항공화물, 수하물의 탑재 및 하기 시설, 화물보관시설 등이 있다. 기내식 사업소에서는 기내식 제조시설이 있으며, 항공기를 점검하고 정비하는 격납고와 항공기 부품 보관창고 등이 있다.

〈표 7-3〉 주요 국제공항 시설사용료 비교

구 분	항공사 부담			여객 부담				
	착륙료	기 타 사용료	합 계	여객공항 이용료 / 성인 1인		기타 사용료		합 계
인 천	3,457,000	985,843	4,442,843	17,000	11,000	관광진흥기금, 국제빈곤퇴치기여금		28,000
간사이	12,836,197	5,935,593	18,771,790	37,442				37,442
나리타	11,720,006	5,356,304	17,076,310	28,823				28,823
북 경	3,305,907	2,608,800	5,914,707	15,242				15,242
홍 콩	3,585,123	695,932	4,281,055	16,652	4,579	보안검색비용		21,231
창 이	3,981,057	484,843	4,465,900	17,944				17,944
애틀랜타	838,576	855,758	1,694,333		35,598	항공교통세, 입국심사비, 세관비, 농산물검역비		35,598
시카고	3,739,670	96,244	3,835,914		40,467	항공교통세, 입국심사비, 세관비, 농산물검역비, 승객시설부담비		40,467
LA	3,627,546	273,770	3,901,316		40,467	항공교통세, 입국심사비, 세관비, 농산물검역비, 승객시설부담비		40,467
프랑크푸르트	1,085,437	2,293,462	3,378,899	29,353	12,100	승객보안검색비, 보안검색비용		41,453
샬드골	4,752,173	3,696,029	8,448,202	23,623	32,273	공항세, 민간항공세, 통일연대세		55,896
히드로	1,883,588	3,553,942	5,437,530	35,090	142,858	항공기여객세		177,948

주) B747-400, 정류시간 8시간, 탑승교 사용 4시간(출·도착 승객1인 기준) 기준

〈표 7-4〉 공항의 상주기관

기관명	담당업무	기관명	담당업무
〈민간기업〉		〈정부〉	
항공사	항공여객서비스(화물포함)	관세청(C)	세관업무 등
지상조업체	항공여객(화물)관련 지원서비스	법무부(I)	출입국관리 등
한국관광협회	관광안내 지원	검역소(Q)	검역 등
구내업체	음식업, 판매업, 광고업, 용역업 SKT, KT 등	농림부	동식물 검역 등
		검찰청	범죄인 및 마약단속
〈공기업〉		건설교통부	운항, 관제 등
한국공항공사	공항운영 및 시설관리	문화재정관리청	문화재보호 서비스
한국관광공사	면세점운영 및 관광안내 서비스	경찰청	경비, 보안 등
국립의료원	의무실운영	국가정보원	안전, 대공 등
무역진흥공사	바이어 접대 및 기업안내 서비스	국군기무사	군인관리 등
		정보통신부	우체국업무 등

제3절 공항의 기본 이해

1. 공항의 안전대책

공항은 국제 교차로의 기능을 수행하지만 분쟁을 위한 장소가 되기도 한다. 폭탄이나 총기를 이용한 테러, 비행기 공중납치 등은 각국 정부와 공항당국으로 하여금 공항 보안대책을 강화시키는 주요 요인이다.

미국연방항공국은 2001년 9월 11일 뉴욕 세계무역센터 항공기 납치 테러 공격 사건을 계기로 승객들의 수하물과 신체를 철저히 검색하는 보안대책을 강화하였다.

주요 공항들은 정부와의 협조 하에 보안요원들을 추가 고용하는 등 더욱 테러 예방조치를 강화하고 있다.

2. 교체공항

봄이나 가을철로 접어들면 공기와 대지의 기온 차가 심해 안개가 많이 발생한다. 심한 안개는 항공기 이·착륙에 지장을 초래해 공항기능을 전면 마비시키기도 한다.

이렇듯 목적지 공항이 기상 악화나 다른 천재·지변으로 인해 비정상으로 운영되면 운항 중이거나 운항 예정인 항공기들은 만일의 사태에 대비해 목적지 공항 주변의 착륙 가능 공항을 사전에 선정하여 비행 및 승객의 안전을 도모한다. 이때 선정되는 공항을 교체공항alternate airport이라 한다.

따라서 교체공항은 최초의 착륙 예정지에 착륙이 불가능하다고 판단되는 경우 비행 중에 목적지를 변경하여 교체 착륙지로서의 역할을 할 수 있는 공항을 의미한다. 항공기 목적지 공항은 크게 정규공항, 예비공항 및 연료보급공항으로 구분되는데 이들 모두 교체공항으로 이용할 수 있다.

항공사들은 계기비행을 할 때 최소한 1개 이상의 교체공항을 반드시 지정하여 만일의 사태에 대비한다. 교체공항은 그곳의 기상이 항공기 운항규정상의 조건을 충족하는 공항 중에서 착륙공항으로부터의 거리 및 지상조업 여건 등을 고려해 선정한다.

단, 비행시간이 6시간 이하이고 목적지 공항의 기상예보가 도착 예정시간 전후 1시간 동안 해당 기종의 항공기가 착륙하는 데 문제가 없다면 교체공항을 선정하지 않아도 된다. 목적지 교체공항을 선정할 수 없을 때는 순항속도를 기준으로 최소 2시간 동안 비행할 수 있는 추가 연료를 탑재하여 운항해야 한다.

미국연방항공국FAA : federal aviation administration은 1985년 ETOPSextended-range twin-engine operations 규정을 설정, 태평양과 대서양을 운항하는 항공사들에 적용함으로써 안전 신뢰도를 대폭 향상시켰다.

이 규정은 쌍발 항공기가 운항 중 두 개의 엔진 가운데 하나가 꺼지는 경우,

209

회항 또는 교체공항에 안전하게 착륙하기까지 운항할 수 있는 시간으로 최대 180분을 허용하고 있다.

우리나라는 김포공항이 기상 및 여타 상황으로 인해 착륙이 불가능할 경우 거리가 비교적 가까운 인천공항을 교체공항으로 선정한다. 반대로 인천공항 이·착륙이 불가능할 경우에는 CIQ(세관, 출입국관리, 검역) 업무 지원이 가능한 상황에서만 김포공항을 교체공항으로 선정하고 있다.

김포공항, 인천공항 모두 착륙이 불가능한 경우는 기타 국내 공항의 기상조건을 확인하여 국제선은 제주공항 및 김해공항을 주로 선정하고 있으며, 국내선은 착륙 공항과 거리가 가까운 공항을 선정하고 있다.

국제선 항공기가 회항 운항 시 출입국 수속 규정 및 절차는 서울지방항공청 훈령 제173호에 따라 시행된다. 규정에 따르면 기상 악화 및 활주로 폐쇄, 폭설, 항공기 사고, 기타 천재·지변에 의해 3시간 이상 인천공항의 폐쇄가 예상될 경우 세관, 출입국관리소, 검역소 등의 관련기관 직원들을 김포공항으로 일부 이동시켜 승객 처리 등 국제선 대체기능을 수행토록 하고 있다.

"How can our airline make more
out of the Eastern European business?"

"Simple. Fly to
Vienna more often."

Nowhere lets you get more quickly and more easily to tomorrow's markets
in Eastern Europe than the real hub of Europe – Vienna International Airport.
And nowhere offers business travellers faster and easier connections to
34 destinations in Eastern Europe. Whether they are coming from the USA,
Western Europe or the Far East, more and more business people are getting
to know these advantages and would be only too happy to use them more
often. So, one sure way for airlines to make decent profits is to bet on
Vienna's transfer airport and its fast turnaround times.

Find out why passengers prefer Vienna International Airport. Just fax
+43/1/7007-22120 and we'll send you our BUSINESS SUPPORT PACKAGE. Or visit our
web site. Quicker connections, shorter waits, less fuss, more business. Via Vienna.

EUROPE'S BEST ADDRESS  Vienna
International
Airport

비엔나국제공항 vienna international airport

새로운 시장으로 떠오르고 있는 동유럽으로의 접근성이 경쟁공항보다 편리하다는 점을 강조하고
있다. 항공사는 운영비용 절감을 위해 연결 항공편 및 연계 교통편에 지장이 없다면 보다 저렴한
공항을 선택한다. 유럽의 주요 허브공항은 상대적으로 높은 공항이용료를 책정하고 있다. 최근 급
증하고 있는 저비용항공사들은 비용이 낮은 공항을 선택함으로써 전체 비용을 줄이고 있다.

211

3. 공항이름

인천국제공항이 정식 이름으로 불리기까지는 많은 우여곡절을 겪었다. 공항명칭을 위해 공모를 하고 공청회까지 개최했었다. 결국 영종도공항, 서울공항, 세종공항 등 다양한 명칭을 놓고 경합을 벌여, 최종적으로 그동안 많이 사용되어 지명도가 있다는 이유로 인천국제공항이라는 이름을 붙이게 되었다. 인천국제공항처럼 우리나라는 지명을 따서 공항이름을 짓는 것이 보통이다. 김포공항, 김해공항, 제주공항 등 국내 모든 공항의 명칭은 공항이 위치한 곳의 지명을 딴 것이다.

하지만 동양권을 제외한 나라의 경우 사람이름을 딴 공항이 의외로 많다. 뉴욕의 존 에프 케네디공항, 파리의 샤를르 드 골 공항, LA의 톰 브래들리공항, 로마의 레오나르도 다빈치공항 등이 대표적인 예이다.

이들 대부분은 그 나라나 도시를 대표하는 인물의 이름을 공항이름에 그대로 붙였다. 시카고 오헤어공항도 2차 세계대전 중 태평양전선에서 맹활약했던 공군 조종사 오헤어부처o'hare buther의 이름을 따서 명명한 것이다. 이런 이름 덕택에 공항과 도시를 혼동하여 곤혹을 치르는 해프닝도 가끔 발생한다.

미국 워싱턴에 있는 덜레스dulles공항과 텍사스주의 달라스dallas라는 도시는 서로 발음이 비슷한 관계로 이산가족을 만드는 대표적인 경우이다.

택사스 달라스에 있는 공항의 정식 명칭은 달라스 포츠워드공항이다. 이런 혼동을 피하고자 항공사에서는 도시와 공항에 영문 3자 약자코드를 쓰고 있는데 워싱턴 도시의 경우는 WAS, 덜레스공항은 IAD로 구분하며, 텍사스주 달라스 포츠워드공항은 DFW로 표기한다. 한 도시에 공항이 2개 내지 3개가 있는 경우도 많기 때문에, 출발 전에 이용하고자 하는 공항의 정식명칭을 알아두는 것이 좋다.

뮌헨국제공항 munich international airport

인구 약 130만 명의 뮌헨은 독일 제3의 도시이자, 남부 독일의 중심도시이다. 12세기 이래 700년 동안 독일에서 가장 화려한 궁정문화를 꽃피웠던 바이에른 왕국의 수도였으며, 16세기 이후에 번성하던 르네상스와 바로크, 로코코 양식의 문화유산이 곳곳에 남아있는 곳이다. 바이에른은 풍부한 문화적 역사적 유산과 아름다운 자연의 매력을 가지고 있다. 오랫동안 바이에른 주수상으로 봉사한 프란츠 요제프 슈트라우스의 이름을 가진 뮌헨 국제공항은 유럽항공교통의 중심지중 하나이다.

213

제4절 세계의 유명공항

1. 동북아시아지역의 공항

인천국제공항은 1992년 건설을 착수하여 2001년 3월에 개항을 하였으며, 24
시간 운영되는 전천후 공항으로서 동북아시아의 중심공항hub airport 역할을
목표로 하고 있다. 하지만 인천국제공항은 주변국가의 대형공항과 경쟁관계
에 있다. 주변국의 경쟁공항들과 비교할 때 공항시스템, 공항편의 시설 등에서
매우 경쟁력이 있는 것으로 판단되고 있다.

중국의 경우 급격히 증가하는 항공교통량에 적절히 대처하기 위해 주요도
시 약 20여개 공항들을 확장 또는 추가 개항하였다. 인천공항과 경쟁관계에
있는 중국의 공항은 북경공항과 상해의 푸동공항이다. 푸동공항의 경우 여객
처리능력이 연간 7,000만 명, 화물은 500만 톤을 처리할 수 있는 시설을 갖추
고 있다. 일본의 경우 동북아시아의 허브공항으로서 경쟁적 우위를 점하고자
도쿄, 오사카 등의 주요도시 공항의 서비스 용량을 증대시켰다. 홍콩의 첵랍콕
공항은 홍콩이 중국에 반환되면서 중국과 전 세계를 연결하는 관문 역할을 하
고 있다. 홍콩 첵랍콕공항 여객터미널의 시설규모를 보면 연면적은 51만
6,000m², 여객처리능력은 연간 3,500만 명이다.

1) 인천국제공항incheon international airport

2001년 3월 29일 개항한 인천국제공항ICN : incheon international airport은
대한민국 인천광역시 중구 운서동에 위치한 대한민국 최대 규모의 국제공항
으로 대한민국 대부분의 국제선이 이곳을 통해 운항된다. 24시간 운항이 가능
하며, 공항 운영은 1999년 2월 1일 인천국제공항을 운영을 위해 설립된 인천
국제공항공사에서 담당하고 있다. 또한 대한항공, 아시아나항공, 제주항공 등
의 항공사가 메인 허브공항으로 사용하고 있다.

인천국제공항은 세계 최고 수준의 서비스를 제공해 공항 이용객들이 가장 선호하는 공항중 하나이다. 영국의 항공서비스 전문 리서치 기관인 스카이트랙스skytrax로부터 세계 최고의 공항상을 수상한 바 있으며, 또한 공항서비스 평가의 양대 산맥이라 일컫는 국제공항협의회ACI 주관 공항서비스평가ASQ에서 12연패를 비롯해 미국 여행전문지 글로벌트래블러 선정 6년 연속 세계 최고 공항 수상 등으로 최고 공항으로서의 입지를 확고히 하는 한편, 국가의 위상을 크게 높이고 있다

● 세계공항서비스평가(ASQ)

세계공항서비스평가ASQ : Airport Service Quality는 IATA(국제항공운송협회)에서 시행해 온 것으로 1993년부터 최초 시행되고 2004년부터 ACI(국제공합협의회)가 공동주관자로 참여해 왔으며, 2005년부터는 ACI가 단독으로 실시하고 있다.

〈표 7-5〉 ASQ 주요 평가항목

서비스 분야(7개)	시설 및 운영분야(27개)
• 공항 직원의 친절성, 도움성	• 식당시설, 쇼핑시설, 비즈니스 시설
• 여권 및 비자심사(입국/출국)	• 화장실 청결도, 이용 가능성
• 세관심사	• 수하물 카트 이용 용이성
• 보안검색 요원의 친절성, 도움성	• 편안한 대기실 및 도착/출발 게이트
• 탑승수속 직원의 친절과 도움/능률 등	• 주차시설, 상업시설 영업시간 등

주) 34개 항목(서비스분야 7, 시설 및 운영 27)

〈표 7-6〉 2005~2015년 ASQ 평가 순위

구분	2005	2006	2007	2008	2009	2010	2011	2012	2013	2014	2015
1위	인천	인천	인천	인천	인천	인천	인천	인천	인천	인천	인천
2위	싱가포르	쿠알라룸푸르	쿠알라룸푸르	싱가포르	싱가포르	싱가포르	싱가포르	싱가포르	싱가포르	싱가포르	싱가포르
3위	홍콩	홍콩	싱가포르	홍콩	홍콩	홍콩	베이징	베이징	베이징	베이징	베이징

* 인천국제공항 : 대형공항 부문 12년 연속 1위(2017.4월), 아시아·태평양 최고 공항, '지역/규모별 (아태지역 내 대형공항) 최고공항'
** 김포국제공항 : 중형공항 부문 4년 연속 1위(2017.4월)

　　인천국제공항은 동북아시아지역 허브공항으로서의 역할을 수행함으로써 21 세기 국가생존전략의 한 축을 형성하는 매우 중요한 역할을 담당하고 있다. 동북아시아지역 허브공항으로서의 여건을 살펴보면 다음과 같다.

　　첫째, 인천국제공항은 동북아시아 지역 내 항공교통망의 중심에 위치하고 있다. 즉 비행거리 3.5시간 내(반경 1,000km)에 100만 명 이상의 도시가 43개 나 되며, 인구가 10억 명에 이르고 있다. 또한 북태평양 항공노선(동북아, 북 미) 및 시베리아 횡단노선(동북아, 유럽)의 최전방에 위치하고 있어 대륙과의 연계측면에서도 유리한 입지에 있다.

　　둘째, 항공수요가 충분한 지역에 위치하고 있다. 인천국제공항은 인구 2,000 만 명, GDP 40%의 수도권을 배후도시(국제선 수용의 90% 발생)로 가지고 있 으며 동북아 지역의 항공수요 또한 흡수 가능하다.

　　셋째, 최첨단 공항시설 및 공항 확장성을 보유하고 있다. 항공기 153대를 동 시 주기할 수 있으며, 4,000m급 활주로 4본을 보유하고 있다. 여객터미널 15만 평에 시간당 6,400명 여객처리가 가능한 252개의 체크인 카운터와 시간당 3만 2,000개의 수화물을 처리하는 수화물 처리 시스템, 그리고 편리한 환승시설을 보유하고 있다.

넷째, 24시간 공항운영이 가능하다, 활주로 양단 10km 이상이 바다이기 때문에 소음피해가 없다.

다섯째, 복합기능의 21세기형 공항도시aero city를 갖추고 있으며, 공항구역 내에 호텔, 쇼핑몰, 업무시설 등 국제 업무 지역뿐만 아니라 상업, 주거, 물류, 교육, 첨단 경공업 등 배후지원단지 등도 조성되어 있다.

인천국제공항 incheon international airport

인천국제공항은 세계최고 수준의 서비스로 공항 이용객들이 가장 선호하는 공항 중 하나이다. 영국의 항공서비스 전문 리서치 기관인 스카이트랙스skytrax로부터 세계 최고 공항상을 수상한 바 있으며, 또한 공항서비스 평가의 양대 산맥이라 일컫는 국제공항협의회ACI 주관 공항서비스평가 ASQ에서 12연패를 달성했다.

2) 상하이 푸동국제공항 pudong international airport

상하이 홍차오국제공항의 국제선 항공편을 이관해 1999년 10월 개항하였다. 2002년 푸동 공항역에서 시내 룽양루 역까지 운행되는 상하이 자기부상열차를 개통해 도심 접근성이 향상되었다.

푸동국제공항은 주요 시간대에 많은 항공기가 드나들기 때문에 많은 항공기들이 주기장에 주기해야만 한다. 이러한 문제를 해결하기 위해 2005년 3월 17일, 제 2활주로가 개설되었고 2007년에는 제 2청사가 완공되었다. 장기적인 계획으로는 4개의 활주로와 4개의 터미널이 개설되어 연간 8천만 명의 승객을 수용할 전망이다.

중국동방항공은 푸동공항을 메인 허브공항main hub airport으로 사용하고 있다.

3) 홍콩 쳅락콕공항 hong kong international airport

1998년 7월 6일 개항한 홍콩의 국제 공항인 쳅락콕공항은 홍콩섬과 구룡반도 서쪽의 란타우섬 북쪽에 위치하고 있다. 공항 내 모든 시설은 24시간 이용 가능하고 67개 항공사가 취항하고 있다. 전체면적은 런던 히드로공항과 비슷한 378만평(1,255ha)으로 홍콩 카이탁공항의 4배이며 인천국제공항(335만평)보다 약간 크다. 매시간 49편의 항공기 이 · 착륙이 가능하며 공항처리가능 최대 여객 수는 8,700만 명이다. 3백만 톤의 화물 처리가 가능하다. 카이탁공항을 대체하여 개항한 쳅락콕공항은 화물과 승객의 주요한 환승 센터이며, 중국 본토, 동남아시아, 동아시아로 가는 관문이기도 하다. 비교적 짧은 역사임에도 불구하고 최고의 공항으로 여러 번 선정된 바 있다. 캐세이패시픽항공과 드래곤에어와 같은 대형 항공사와 홍콩 익스프레스, 오아시스 홍콩항공 같은 소형 항공사들이 허브공항으로 사용하고 있다. 1995년 12월 1일 설립된 AAHKairport authority hong kong(홍콩공항관리국)에서 관리 운영하고 있다.

캐세이패시픽항공 cathay pacific airways

영국계 스와이어swire그룹의 계열사인 캐세이패시픽항공은 홍콩이 Main Base이다. 세계적인 금융 중심지이며, 유럽 및 아시아 여러 지역으로 연결이 편리한 홍콩은 1997년 영국에서 중국으로 반환된 후 거대시장인 중국을 배후로 지속적인 성장을 하고 있다.

4) 싱가포르 창이국제공항 singapore changi international airport

1981년 7월 1일 개항한 창이국제공항은 싱가포르 중심부에서 북동쪽으로 약 20킬로 떨어진 창이에 위치하고 있다. 싱가포르 민간 항공국CAAS에서 운영하고 있으며 싱가포르항공의 허브공항이자 78개 항공사가 취항하고 있다. 창이국제공항은 VIP 고객 전용 터미널, 저비용항공사 터미널budget terminal 등 여객 터미널 3개와 화물 터미널 3개를 갖추고 있다. 항공편은 매주 4천여 편에 달하여 세계 177개 도시를 연결하고 있다. 공항 직원은 1만3천여 명이며 매출액은 연간 약 45억달러에 달한다. 연간 4,000만 명이 넘는 승객을 수송해 전 세계에서 가장 바쁜 공항중 하나이다. 개항 이후 고객 중심의 시설과 우수한 서비스로 360개가 넘는 상을 받았다. 국제항공운송협회IATA 코드는 SIN, 국제민간항공기구ICAO 코드는 WSSS이다. 지속적인 싱가포르 정부의 투자와 계속되는 성장으로 인천국제공항과 더불어 세계 최고의 공항으로 꾸준히 선정되고 있다.

5) 일본 간사이공항 kansai international airport

오사카국제공항의 과밀화와 소음문제를 해결하기 위해 1987년 착공하여 1994년 9월 4일 개항한 간사이국제공항은 오사카 만의 인공섬에 위치하고 있으며, 24시간 이·착륙이 가능하다. 오사카 도심에서 40km 떨어져 있으며, 약어는 KIX이다.

공항 면적은 510만 3000m²이다. 활주로는 3,500m × 60m 크기의 2본이 있으며, 유도로는 총길이 1만 720m이다. 계류장은 면적이 97만 100m²이며 항공기 55대가 동시에 머무를 수 있다. 여객 터미널은 연간 3300만 명을 수용할 수 있다.

공항의 운영은 1984년 설립된 간사이국제공항주식회사kansai international airport co. ltd.에서 하고 있다.

The advertisement text reads:

Our nightfall brings sweet dreams...

.....50% off at night

COMPARE AND SAVE				
MFM landing fee (rates in US$):				
Aircraft	MTOW (T)	Day($)	Night($)	Save($)
B737-400	51	538	269	269
BAe 146F	53	554	277	277
B737-300F	67	668	334	334
A321-100	85	814	407	407
B727-200	95	894	447	447
B727-200F	105	972	486	486
B757-200	109	1,000	500	500
A300-B4	153	1,314	657	657
DC-8-73F	168	1,420	710	710
B767-300	172	1,450	725	725
B767-300F	187	1,556	778	778
A340-300	271	1,994	997	997
MD11	274	2,008	1,004	1,004
MD11F	288	2,074	1,037	1,037
B747-200F	366	2,254	1,127	1,127
An124-200F	392	2,568	1,284	1,284
B747-400	395	2,582	1,291	1,291

At last there's a night-time activity that doesn't result in sleep deprivation.

Now, when you fly into Macau International Airport (MFM) any time between 23:00 and 07:00 (times inclusive) you only need to pay us half the amount we used to charge. That's because we've slashed our landing fees for night operations by 50% - 365 nights a year, combination aircraft or freighters, scheduled or non-scheduled.

Compare our low landing fees to the charges you'll be paying at other major airports in the Pearl River Delta region of South China and the savings - day or night - will be like a bedtime lullaby.

Our airport and all its inspection services are open 24 hours. Fly in to MFM and sweet dreams !

macau
international
airport
Gateway to China and the World

마카오국제공항 macau international airport

공항은 고객인 항공사를 상대로 다양한 마케팅전략을 시행하고 있다. 공항의 가격전략은 항공사의 운영비용을 줄여 주기 때문에 많은 항공사들이 관심을 갖는다. 마카오 국제공항은 24시간 운영되는 국제공항이며, 동북아시아에서 중국을 경유해 유럽 및 아프리카로 가는 중간 기착지 역할을 하고 있다.

2. 미주 및 유럽지역의 공항

1) 미국 애틀랜타공항 hartsfield-jackson atlanta international airport

미국 조지아 주의 주도인 애틀랜타에 위치한 애틀랜타국제공항은 델타항공과 사우스웨스트항공이 허브공항으로 사용하고 있으며 여객 수와 운항 편수 기준 세계 최대의 공항이다. 호주와 남극 그리고 일부 아시아 지역을 제외한 전 세계에 항공편이 운항되고 있다. 1925년 조지아주의 정치인이자 애틀랜타 시장이었던 윌리엄 빌 하츠필드가 설립했다. 1980년 여객 터미널을 신설했고 2001년 활주로를 추가 확장했다. 공항 이름은 하츠필드를 기려 하츠필드국제공항으로 사용하였으나, 미국 남부지역 최초의 흑인시장이었던 메이너드 잭슨을 기리기 위하여 2003년 현재의 명칭으로 변경되었다. 2004년 애틀랜타시와 델타항공이 54억 달러를 들여 공항시설을 확장하고 현대화하는 공사를 시작하였으며 2015년 완료됐다. 애틀랜타공항은 이용탑승객 기준 세계 1위, 연간 이·착륙 비행기수 세계 1위로 5개의 활주로와 176개의 게이트로 이루어져 있다.

2) 런던 히드로공항 london heathrow international airport

1946년 개항한 런던 히드로공항은 영국 런던 서부 힐링던hillingdon에 있는 세계적인 국제공항이다. 한 해 탑승객 규모가 8,000만 명을 웃돈다. 2015년 공항 이용객 숫자 기준으로 애틀랜타국제공항atlanta international airport, 베이징 서우두국제공항beijing capital international airport, 시카고 오헤어국제공항 chicago o'hare international airport 등에 이어 세계 6위에 올랐다. 그러나 시설이 낙후되고 이용료가 비싼 편이어서 각종 설문조사에서 이용객들이 가장 싫어하는 공항으로 여러 차례 이름을 올린 공항이기도 하다.

1965년 공항의 운영주체인 영국공항공단british airports authority이 출범했다. 1980년대 마거릿 대처margaret thatcher 영국 총리가 공기업 민영화를 강력하게 추진할 때 스페인 건설회사인 페로비알ferrovial이 영국공항공단의 최대

주주에 올랐다. 이 때문에 현재 런던 히드로공항은 영국을 대표하는 공항임에도 불구하고 공항의 소유 주체를 기준으로 할 때는 스페인 기업으로 분류된다. 런던 히드로공항에는 모두 다섯 개의 터미널이 있다. 2008년 개장한 제5터미널은 공항이 너무 혼잡하다는 이용객들의 불만이 폭주하면서 새로 지은 터미널이다.

3) 네덜란드 스키폴공항 airport schiphol

네덜란드의 수도 암스테르담 도심에서 남서쪽으로 17km 떨어진 곳에 있다. 약어는 AMS이다. 1916년 9월 16일 군용비행장으로 개항하였으며 KLM네덜란드항공의 허브공항이다.

제2차 세계대전으로 공항이 붕괴되었으나 1945년 이후 암스테르담시에서 공항을 재건하였다. 1967년 5월 현재의 스키폴공항으로 공식 개항하였다. 공항은 스키폴공항관리 schiphol airport authority에서 관리 운영하고 있다.

공항면적은 2200만㎡, 활주로는 3,400m×45m와 3,300m×45m, 3,490×45m, 3,450m×45m 크기의 4개가 있으며 수용 능력은 시간당 102회 운항할 수 있다. 계류장은 면적이 119만 4900㎡로 항공기 144대가 동시에 머무를 수 있으며, 주차장은 17개가 있으며 2만 7063대를 동시에 주차할 수 있는 규모이다.

여객 터미널은 1동(37만㎡)으로 연간 3200만 명을 수용할 수 있으며, 화물 터미널은 6동(12만 7000㎡)으로 연간 110만 톤을 처리할 수 있다. 취항 항공사는 90개 사이다.

도심에서 공항으로는 약 15분 정도 걸리는 철도가 공항 도착장과 인접해 있으며 벨기에, 프랑스, 독일의 주요 도시와도 연결된다. 그밖에 주요 도시와 연결되는 고속도로 및 암스테르담과 프랑스 파리를 연결하는 고속전철thalys이 있다. 높은 수준의 서비스 및 품질 관리 시스템으로 세계 유명 언론 및 여행자들로부터 여러 차례 우수 공항으로 선정되었다.

스키폴의 주요 경쟁 공항으로는 런던 히드로공항, 독일의 프랑크푸르트공항, 파리 샤를르 드 골 공항 등이 있다. 스키폴공항의 교통 관제탑은 101m(331 피트)로 세계에서 가장 높다.

〈표 7-4〉 동북아 지역내의 경쟁공항 현황

구 분	나라	우리나라	중국	홍콩	일본
	공항	인천	푸동	책랍콕	간사이
개항일	1차	2001.3	1999.10	1998.7	1994.9
	최종	2029	2020	2040	2025
부지면적	1차	355만평	2,780만평	3,375만평	1,543만평
	최종	14,355만평	9,690만평	-	3,630만평
여객처리능력	1차	3,000만명	2,000만명	3,500만명	2,400만명
	최종	1억3천만명	1억6천만명	1억1천만명	8,000만명
화물처리능력	1차	270만톤	75만톤	300만톤	-
	최종	700만톤	500만톤	890만톤	
활주로(1차)		3본(4,000×60)	3본(4,000×60)	3본(3,800×60)	2본(4,000×60)
도심과의 거리(Km)		52	30	32	50
개발주체		건설교통부 인천국제공항공사	상하이푸동 국제공항공사	홍콩공항공단	운수성간사이공항
운영시간		24시간	24시간	24시간	24시간
운항능력		24만회 (최종 79만회)	12만회 (최종 29만회)	16만회 (최종 32만회)	16만회
취항사		71	54	71	53
체크인카운터 수		270	272	288	288

자료 : 인천국제공항공사 홍보처 자료를 토대로 저자 재구성.

〈표 7-5〉 국적공항사 취항 외국공항 시설 현황

국 가	공 항	국적기 취항기종	길이×폭(M)	개항일
일본	도쿄 (나리타)	A380, B747, MD11, A300	4000×60	1978년 5월
	오사카 (간사이)	B747, A300, MD80	3500×60	1994년 9월
중국	북경	A300	3200×50 3800×60	1949년
	상해 (푸동)	B747, MD80	3400×58	1999년 10월
	홍콩 (첵락콕)	A380, B747, B777 A330	3331×60	1998년 7월
태국	방콕	B747, A300	3700×60 3500×45	1914년 2월
싱가포르	싱가포르	B747, MD11, A330, A300	4000×60 4000×60	1981년 7월
필리핀	마닐라	B747, A300	2425×45 3587×60	1981년 4월
베트남	호치민	A300	3048×45 3036×60	1962년
말레이시아	쿠알라룸푸르	B747, MD11, A300	3780×45	1998년
오스트리아	비엔나	B767	3000×45 3600×45	1938년
인도네시아	자카르타	B747, A300	3600×60 3660×60	1974년
러시아	모스크바	B747	3538×80 3700×60	1959년
호주	시드니	B747, MD11	3539×45 3962×45 2438×45	1920년
뉴질랜드	오클랜드	MD11	3635×45	1966년
독일	프랑크푸르트	B747	4000×60 4000×45 4000×45	1936년 8월
프랑스	파리	A380, B747	3600×45 3615×45	1974년 3월

226

국 가	공 항	국적기 취항기종	길이×폭(M)	개항일
네덜란드	암스테르담	B747, B777	3300×45 3400×45 2014×45 3500×45 3453×45	1967년 5월
스위스	취리히	B777	3700×60 2500×60 3300×60	1948년 6월
영국	런던	B747	3902×45 3658×45	1946년 5월
이탈리아	로마	B747	3900×60 3900×60 3295×45	1961년
미국	로스앤젤레스	A380, B747, MD11	2721×45 3135×45 3686×45 3382×60	1946년 12월
	샌프란시스코	B747, MD11	2134×60 2713×60 3618×60 3231×60	1927년 5월
	호놀룰루	B747	2119×45 2743×45 3767×45 3658×60	1910년
	앵커리지	B747, MD11	3231×45 3322×45 3200×45	1953년
	뉴욕 (존에프케네디)	A380, B747, MD11	3460×45 2560×45 3048×45 4222×45	1947년 6월
	괌	A300	3053×45 2439×45	1938년
	사이판	A300	2652×60	1941년
	시애틀	B747, B767	3628×45 2873×45	1944년

국 가	공 항	국적기 취항기종	길이×폭(M)	개항일
미국	시카고	B747	2286×45 2460×45 2428×45 3091×45 3049×45 3963×60	1955년 10월
	워싱턴	B747	3506×45 3506×45 3202×45	1962년 11월
	달라스	B747	2743×60 2835×45 3471×45 4084×60 3471×60 3471×45	1974년 1월
캐나다	벤쿠버	B747	3030×60 3353×60 2225×60	1931년 7월
	토론토	B747	3201×60 2896×60 3368×60	1938년

자료 : 인천국제공항공사

슈투트가르트공항 stuttgart airport

최신 공항시설과 세계적인 기업들이 공항 주위에 위치하고 있다는 점을 강조하며 항공사 경영진에 접근
하고 있다. 이러한 공항광고는 항공사 전문잡지 등에 많이 등장한다.

8

항공서비스 산업의
직업 기회

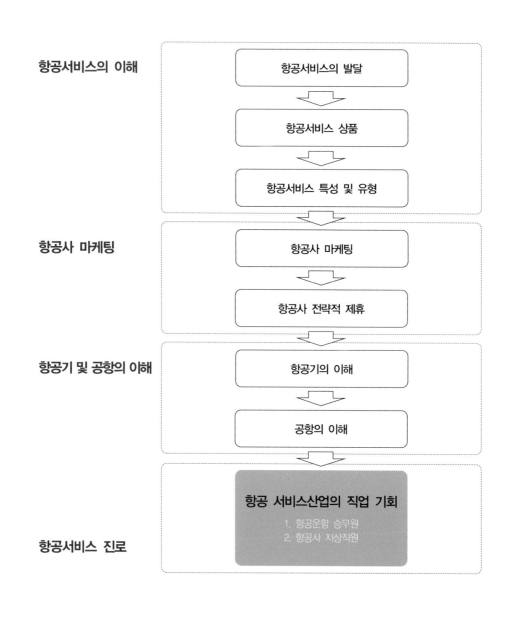

항공서비스의 이해

항공서비스의 발달

항공서비스 상품

항공서비스 특성 및 유형

항공사 마케팅

항공사 마케팅

항공사 전략적 제휴

항공기 및 공항의 이해

항공기의 이해

공항의 이해

항공서비스 진로

항공 서비스산업의 직업 기회
1. 항공운항 승무원
2. 항공사 지상직원

AIRLINE SERVICE CAREER OPPORTUNITY

제8장 항공서비스 산업의 직업 기회

제1절 항공운항 승무원

1. 항공사 직원

항공서비스산업 종사자들은 다양한 수준의 교육과 훈련, 경력을 필요로 하며 국제화시대에 점차 그 수요가 늘어나고 있다. 세계 최대의 항공서비스 시장을 형성하고 있는 미국을 보면 다양한 직무에 약 450,000명 이상의 항공사 직원이 근무하고 있다. 항공기 조종사, 승무원, 공항 스텝 그리고 관제요원을 비롯해 그 외에도 배후에 많은 수의 항공사 직원들이 근무하고 있다.

2010년 노스웨스트항공northwest airlines과의 합병으로 700여대의 항공기와 8만 여명의 직원을 보유하여 세계 최대 규모의 항공사로 성장한 델타항공delta airlines은 항공기 한 대를 띄우는데 평균 156명의 직원들이 필요하다고 추산한 바 있다.

일반승객과 직접 접촉하는 항공사 직원들front line은 2개 국어, 또는 다국어를 사용해야 한다. 또한 다른 문화에 대한 지식과 그 문화를 적극적으로 수용해야 하며 기본적인 서비스 교육을 이수해야 한다.

항공사 직원들은 운항승무원flight crew, 공항지상요원airport ground staff, 화물cargo, 마케팅sales and marketing 등의 부서에서 근무한다.

운항승무원은 비행기를 조종하는 조종사cockpit crew와 기내에서 일반적인 승객서비스를 제공하는 기내승무원cabin crew or flight attendant으로 구성되어 있다. 공항지상요원은 비행기를 항공운항에 알맞게 관리하고, 운항에 필요한 정부 관계부서와의 업무 협조 및 승객들에게 항공기 탑승 관련 서비스를 제공한다.

〈표 8-1〉 항공사 직원 수 상위 Top 10 항공사

항공사	조종사	기타운항 승무원	객실 승무원	정비사	영업 인원	공항 인원	기타	계
Delta Airlines	10,918	3	17,173	9,470	6,367	28,911	6,642	79,484
American Airlines	7,925	0	14,918	11,172	10,272	9,980	11,240	65,507
Air France	4,084	3	13,622	0	0	0	37,613	55,322
Lufthansa	9,029	11	25,279	20,159	0	0	0	54,478
United Airlines	5,554	0	12,773	4,924	1,579	12,712	8,831	46,373
Continental Airlines	4,229	0	8,245	3,638	2,038	13,714	6,727	38,591
British Airways	3,125	8	13,523	4,545	3,455	2,211	4,943	38,410
Qantas Airways	2,227	100	7,032	4,876	2,685	4,791	13,581	35,292
US Airlines	4,193	0	6,480	3,850	6,204	6,498	4,320	31,545
Emirates	2,514	383	12,071	3,733	2,658	3,128	6,193	30,683
Asiana Airlines	1,175	95	3,123	1,017	1,460	1,086	624	8,580
Korean Air	1,946	131	3,735	4,277	1,259	1,564	4,340	17,252
Federal Express	4,392	0	0	2,665	659	16,464	100,005	124,185

Source : 항공통계(세계편). 한국항공진흥협회, 2016
주) 1. Lufthansa : 기타인원 62,541명을 포함하면 세계 1위가 됨.
 2. Federal Express : 화물 전문 항공사이기 때문에 순위에서 제외.
 3. 항공사 직원 수는 매년 변동되나 직원 수 상위 순위 항공사는 큰 변동 없음

2. 여객 운항승무원 cockpit and cabin crew

여객기의 승무원을 크게 나누면 운항승무원과 객실승무원으로 나뉜다. 이 중 운항승무원은 조종실에서 비행기를 조종하고 기기를 조작하는 일을 담당하고 있어 Cockpit crew 혹은 Flight crew라 부르고, 객실승무원은 객실cabin에서 승객에 관한 일체의 서비스를 제공하므로 Cabin crew 혹은 Cabin / Flight attendant라 부른다. 우선 운항승무원은 기장captain, 부조종사co-pilot, 항공기관사flight engineer, 항법사navigator 등의 직원crew이 있으며, 그 편성은 대부분의 노선에서 기장, 부조종사, 항공기관사 등 3인으로 구성된다. 그러나 특별한 운항에서는 항법사가 포함되기도 한다. 또 비행시간이 긴 노선에서는 기장 2명, 부조종사 1명, 항공기관사 2명 등 5명으로 편성될 때도 있다. 그러나 최근에는 항공기술의 발달로 인하여 조종사 2명이 운항하는 항공편이 늘어나고 있다.

1) 조종실 승무원 cockpit crew

조종실 승무원은 기장captain, 부조종사co-pilot, 항공기관사flight engineer, 항법사navigator 등의 직원으로 구성되어 있다. 항공기에 따라 탑승하는 조종실 승무원의 수는 달라지며, 보잉 747 같은 기종은 3명의 조종실 승무원이 탑승하게 된다. 최신 항공기 모델은 항공기관사가 필요치 않은 2인용 조종실 승무원으로 운항하고 있다.

항공사에서 필요로 하는 교육수준은 4년제 대졸 및 졸업예정자이며, 신체적인 제약사항이 있고, 높은 어학실력이 요구된다. 국내에서 조종사가 되는 방법은 다음과 같다.

첫째, 국적항공사인 대한항공과 아시아나항공은 매년 조종훈련생을 선발하고 있으며, 모든 대학 졸업생들에게 취업의 문을 열어놓고 있다.

둘째, 공군사관학교에 진학하여 공군조종사가 된 후 일련의 훈련과정을 거쳐 민간항공 조종사가 되는 방법도 있다.

셋째, 한국 항공대와 한서대와 같은 4년제 대학 항공운항학과에 입학해 각종 항공지식과 비행기술을 습득한 뒤 졸업 후 민간조종사 양성 프로그램을 수료하거나, 4년제 대학 졸업 후 항공대 비행교육원이나 울진 비행교육원을 수료하는 등의 방법이 있다.

넷째, 일반 4년제 대학을 졸업한 사람들 역시 전공에 관계없이 누구나 조종사의 꿈을 이룰 수 있는 길이 있는데, 한국항공대 비행교육원이 운영하고 있는 민간항공기 조종사 양성과정인 '에어라인 파일럿 프로그램'APP와 울진 비행훈련원 과정이 바로 그것이다.

다섯째, 미국, 호주, 캐나다 등의 외국 사설 항공운항 교육기관에서 면허장을 취득하면 대한항공이나 아시아나항공 채용시험 시 가산점을 받을 수 있다. 특히, 항공 유학이 가장 많은 미국에서 4년제 항공대에 진학하면 졸업까지 250시간의 비행기록과 미국 연방항공청FAA의 상업용 조종면허를 갖게 되며, 미국 내 사설 비행교육원에서는 학술교육 후 20~30시간의 비행으로 자가용면허PPL를 딸 수 있고 모두 250시간을 비행하면 FAA 상업용 조종면허를 취득할 수 있다.

조종사에 대한 직업전망은 매우 밝은 편이다. 국적항공사인 대한항공과 아시아나항공은 국내 조종인력 부족으로 인하여 외국의 조종사를 채용하고 있는 실정이다. 항공사별 채용정보에 제시된 지원 자격에 적합하고 제한조건에 별다른 문제 사항이 없는 학생이라면 도전해 볼 만한 직업이다.

현재 조종실 승무원 수는 대한항공 2,000여명, 아시아나항공 1,200여명이며, 점차 증가하고 있는 추세이다.

2) 객실승무원 cabin crew

항공사 하면 무엇보다 먼저 떠오르는 부분이 우리가 승무원이라고 부르는 cabin crew이다. 대학 졸업반 여학생들이 가장 선호하는 직업 중 하나이며 근래에는 남학생들의 관심도 높아지고 있다. 객실승무원의 주요 업무는 다음과 같다.

- 승객탑승 시 좌석안내 및 짐 정리
- 클래스class별 서비스 제공
- 목적지 국가의 입국서류 배포 및 작성 협조
- 기내 안전업무 등

기내승무원의 직업전망은 매우 밝다. 국적항공사인 대한항공과 아시아나항공은 매년 수시 채용하고 있으며, 에미레이트항공emirates, 카타르항공qatar airways, 캐세이패시픽항공cathay pacific airways 그리고 싱가포르항공singapore airlines 등에서도 국내에서 승무원을 채용하고 있다. 그 밖에 KLM네덜란드항공klm royal dutch airlines, 루프트한자독일항공lufthansa german airways 등에서도 국내에서 승무원 및 통역승무원interpreter을 채용하고 있다.

(1) 객실승무원의 역사

1930년 5월 15일 미국 캘리포니아 오클랜드를 이륙한 보잉항공수송회사boeing air transport co. 비행기에는 17명의 승객이 탑승하고 있었다. 기내에는 간호사 출신의 엘렌 처치양이 항공 역사상 최초의 객실 여승무원 신분으로 승객들에게 서비스를 제공했다.

그녀는 당초 보잉사에 조종사로 취업하길 희망했지만 거절당하자 끈질긴 요구 끝에 타협안으로 객실에 탑승하게 된 것이라고 한다. 보잉사는 그나마 1개월 조건부라는 시험 탑승으로 그녀를 고용했다.

이날 승객들은 전에는 볼 수 없었던 상냥하고 친절한 처치양의 서비스에 호평을 했고 이에 고무된 보잉사는 이 제도를 본격적으로 도입했다. 그러자 불과 2년이 채 지나지 않아 미국 내 20여개 항공사가 경쟁적으로 여성 객실승무원 제도를 채택하게 된다.

뿐만 아니라 이 소식은 바로 유럽으로 건너가 에어프랑스의 전신인 파아망 항공사가 국제선에 여승무원을 탑승시키는 것을 시작으로, 1934년 스위스항공, 이듬해엔 네덜란드의 KLM, 그리고 1938년엔 당시 유럽 최대 항공사이던 루프트한자독일항공까지 이 제도를 운용함으로써 유럽 전역에 여승무원 활약 시대가 시작되었다. 당시에는 여승무원이 되기 위한 조건이 까다로웠다. 나이는 32세 이하, 키는 162센티미터 이하로 사회경력이 있는 미혼 여성이어야 했다. 요즘과 비교해 키의 기준이 다른 것은 당시 객실이 좁고 천장이 낮은 데서 연유한 것으로 보인다.

또 당시에는 승무원들이 탑승수속 업무까지 담당하는 것이 대부분이었다. 승객이 수하물을 가지고 비행기까지 오거나 간단한 탑승시설에 오면 승무원이 탑승명부를 일일이 대조해 가며 몸무게와 수하물의 무게를 측정하고 탑승시켰다. 무게를 재는 일은 당시 안전운항의 최우선 조건이었다. 남승무원의 경우는 여승무원보다 2년 앞서 독일항공사에서 처음 시작되었다는 이야기도 있다.

우리나라는 1957년 대한국민항공사kna에서 여승무원을 처음으로 채용한 것으로 알려져 있다. 한편 남승무원의 경우는 1970년, 사회적으로 기내 보안에 대한 문제가 심각하게 대두되는 사건들이 발생하자 이를 담당할 전문 인력의 필요성을 느끼고 채용하기 시작했다. 그러다 보니 초창기 남승무원은 태권도 등 한두 가지 정도의 무술을 구사해야 채용에 유리했다.

(2) 직업인으로서의 객실승무원

60년대 후반에서 70년대까지 객실승무원의 사회적 위상은 매우 높았다. 그래서인지 객실승무원이 되기 위한 전제조건은 자연스럽게 지성과 미모로 이어졌다. 이 시기에 미스코리아 대회에 참가한 여성들의 희망직업 중 가장 손꼽히는 것이 항공사 객실승무원임은 그 인기를 짐작케 한다. 적어도 해외여행 자유화가 이루어지기까지는 승무원에 대한 일반인들의 시각은 부러움과 신비함 그 자체였다.

승무원으로 입사하면 제일 먼저 객실 안전훈련을 이수해야만 승무원으로서 자격이 주어진다. 4주 동안 실시되는 기본 안전훈련은 이론과 실습위주로 훈련을 시행하고 있다. 이제는 러시아나 몽골 항공사 등 외국에서 승무원 위탁 교육을 요청해 올 정도로 우리나라의 객실 안전훈련 수준은 선진 항공사 수준에 이르렀다.

3. 객실승무원 항공신체 기준

신장을 기준으로 과소체중 / 적정체중 / 과체중 / 초과체중으로 분류 운영하며 남녀별 과소체중, 과체중 및 초과체중 판단은 아래 자료에 의한다.

1) 남 승무원

〈표 8-2〉

신장(cm)	과소체중(kg)	적정체중(kg)	과체중(kg)	초과체중(kg)
165	50.6이하	50.7~65.7	65.7~68.7	68.7이상
166	51.1	51.2~66.2	66.2~69.2	69.2
167	51.6	51.7~66.7	66.7~69.7	69.7
168	52.1	52.2~67.2	67.2~70.2	70.2
169	52.6	52.7~67.7	67.7~70.7	70.7
170	53.1	53.2~68.2	68.2~71.2	71.2
171	53.6	53.7~68.7	68.7~71.7	71.7
172	54.1	54.2~69.2	69.2~72.2	72.2
173	54.6	54.7~69.7	69.7~72.7	72.7
174	55.1	55.2~70.2	70.2~73.2	73.2
175	55.6	55.7~70.7	70.7~73.7	73.7
176	56.1	56.2~71.2	71.2~74.2	74.2
177	56.6	56.7~71.7	71.7~74.7	74.7
178	57.1	57.2~72.2	72.2~75.2	75.2
179	57.6	57.7~72.7	72.7~75.7	75.7
180	58.1	58.2~73.2	73.2~76.2	76.2
181	58.6	58.7~73.7	73.7~76.7	76.7
182	59.1	59.2~74.2	74.2~77.2	77.2
183	59.6	60.2~74.7	74.7~77.7	77.7
184	60.1	60.2~75.2	75.2~78.2	78.2
185	60.6	60.7~75.7	75.7~78.7	78.2

자료 : 항공보건 의료원

2) 여 승무원

〈표 8-3〉

신장(cm)	과소체중(kg)	적정체중(kg)	과체중(kg)	초과체중(kg)
160	43.1이하	43.2~50.2	50.2~54.2	54.2이상
161	43.6	43.7~50.7	50.7~54.7	54.7
162	44.1이하	44.2~52.2	52.2~55.2	55.2이상
163	44.6	44.7~52.7	52.7~55.7	55.7
164	45.1	45.2~53.2	53.2~56.2	56.2
165	45.6	45.7~53.7	53.7~56.7	56.7
166	46.1	46.2~54.2	54.2~57.2	57.2
167	46.6	46.7~54.7	54.7~57.7	57.7
168	47.1	47.2~55.2	55.2~58.2	58.2
169	47.6	47.7~55.7	55.7~58.7	58.7
170	48.1	48.2~56.2	56.2~59.2	59.2
171	48.6	48.7~56.7	56.7~59.7	59.7
172	49.1	49.2~57.2	57.2~60.2	60.2
173	49.6	49.7~57.7	57.7~60.7	60.7
174	50.1	50.2~58.2	58.2~61.2	61.2
175	50.6	50.7~58.7	58.7~61.7	61.7
176	51.1	51.2~59.2	59.2~62.2	62.2
177	51.6	51.7~59.7	59.7~62.7	62.7
178	52.1	52.2~60.2	60.2~63.2	63.2
179	52.6	52.7~60.7	60.7~63.7	63.7
180	53.1	53.2~61.2	61.2~64.2	64.2

자료 : 항공보건 의료원

아시아나항공 asiana airlines

최근 실시된 대학 졸업예정 여학생들의 취업 희망 직종조사에서 항공사가 수위로 나타났다. 새로운 사람들과의 만남, 세계 여러 나라로의 여행 등을 즐기며, 지속적인 어학공부에 매진한다면 분명 항공사는 매력 있는 직종일 것이다. 경제성장과 국민소득의 증가로 항공사에 대한 취업문은 확대되고 있다.

제2절 항공사 지상직원

항공사 지상직원ground staff은 공항에서 대 승객 서비스를 담당하는 공항여객서비스직원airport passenger service staff, 그리고 영업sales, 마케팅marketing, 예약reservations, 관리administration, 인사human resources 부서 등의 다운타운downtown 사무실 직원으로 나눌 수 있다.

1. 공항서비스직원 airport service staff

1) 체크 - 인 카운터 check-in counter

공항 체크 - 인 카운터check-in counter는 항공 여행객들이 비행기 탑승을 위하여 구입한 항공권을 체크 - 인 카운터 직원에게 주고 탑승권boarding pass을 받는 장소이다. 또한 여행목적지로 수하물을 부치며, 항공여행에 필요한 부대서비스 사항을 요청할 수 있는 곳이기도 하다. 주요 업무는 다음과 같다.

- 티켓ticket 확인 후 탑승권boarding pass 발행
- 승객의 여권passport 확인
- 여행목적지 국가의 비자visa 확인
- 승객의 수하물 체크
- 장애인, 거동불편승객, 노약자 등 특별서비스 승객 지원 등

공항 체크 - 인 카운터는 상대적으로 여성이 남성보다 많이 근무하고 있으며 항공사에서 필요로 하는 교육수준은 전문대졸 이상이다. 아시아나항공은 고등학교 졸업자에게도 취업기회의 문을 열어 놓고 있다.

2) 라운지 lounge

항공사는 1등석first class 및 2등석business class 승객을 위하여 공항에 편의 서비스 시설이 완비된 라운지를 운영하고 있다. 공항 라운지 직원의 주요 업무는 다음과 같다.

- 라운지 내의 편의 서비스 시설 관리
- 음료, 스낵 등의 준비
- 출발시간 확인 후 승객에게 탑승안내
- 비즈니스 승객의 용무 지원 등

라운지는 서비스 특성상 모든 직원들이 여성으로 구성되어 있다. 최근에는 객실승무원 중 결혼 등의 사유로 지상근무를 지원하는 경우가 발생하고 있다. 항공사에서 필요로 하는 교육수준은 전문대졸 이상이며, 주요 승객(V.I.P.승객)들에 대한 서비스를 제공해야 하기 때문에 항공사에서는 직원 선발 시 어학능력, 서비스태도 등 많은 사항들을 체크하고 있다.

3) 게이트 gate

탑승 게이트는 직원들이 승객의 탑승권boarding pass 확인절차를 거쳐 원활한 기내탑승을 위한 서비스를 제공하는 장소이다. 게이트 직원들의 주요 업무는 다음과 같다.

- 탑승방송
- 특별서비스 승객들을 위한 탑승서비스boarding service 제공
- 탑승권boarding pass 확인
- 항공기가 정시on-time에 출발할 수 있도록 관계기관 및 기내승무원들과의
  업무협조

- 탑승 시 좌석 재배정 등

게이트는 4명 또는 5명의 남자직원 및 여자직원으로 구성되고 있다. 항공사에서 필요로 하는 교육수준은 전문대졸 이상이며, 장시간 서서 근무해야 하기 때문에 건강한 체력이 요구된다.

4) 승무원 담당 crew coordinator

승무원 담당은 승무원의 스케줄을 조절하는 스케줄러scheduler 역할과 승무원들의 원활한 기내서비스를 위하여 지상에서 필요한 서비스를 제공한다. 주요 업무는 다음과 같다.

- 승무원 스케줄schedule 조절
- 해외 체류lay over 승무원을 위한 호텔 체크
- 공항에서 시내까지 필요한 교통편transportation 체크
- 승무원 출입국시 필요한 서류 확인 및 문제발생 시 지원 등

5) 수하물담당 lost and found

수하물 부서는 승객 수하물checked baggage의 연착, 분실, 도난, 파손 등의 문제 발생 시 승객의 입장에서 적절하고 신속한 서비스를 제공하는 부서로 정의된다. 수하물 부서의 주요업무는 다음과 같다.

- 수하물의 연착 시 필요한 서비스 제공
- 수하물의 파손 및 분실 시 필요한 서비스 제공
- 입국장immigration and customs에서 필요한 통역 서비스 제공
- 세관custom 직원들과 승객들의 원활한 입국을 위한 업무협조 등

항공사에서 필요로 하는 교육수준은 전문대졸 이상이며, 분실, 파손, 도난 등 문제가 생긴 수하물로 인하여 흥분한 승객들을 응대해야 하는 부서의 특성상 투철한 서비스 마인드가 필요한 부서이기도 하다.

6) 정비 maintenance

정비부서는 항공기의 안전 운항을 위한 기본적인 기계 정비는 물론 기내의 모든 편의 시설물 등의 점검 및 보수를 담당한다. 주요업무는 다음과 같다.

- 항공기 엔진 점검 및 보수
- 항공기내 편의 시설물 점검 및 보수
- 항공 운항에 필요한 모든 기계 점검 및 보수
- 안전운항을 위한 조종사cockpit crew들과 긴밀한 협조 등

항공사에서 필요로 하는 교육 수준은 전문대졸 이상이며, 항공정비 관련 자격증 소지자 및 공군 정비사 경력자를 선호한다. 대학에 항공정비 관련 학과가 전무하기 때문에 많은 지원자들이 사설학원을 이용하여 자격증을 준비한다.

7) 카고 cargo

항공화물을 담당하는 카고cargo 직원은 화물을 보다 빠르고 안전하게 수송하기 위한 제반 서비스를 제공하는 부서이다. 주요업무는 다음과 같다.

- 일반 항공화물 서비스 제공
- 특수화물(위험물, 동물, 부패성 화물 등) 서비스 제공
- 화물 운송 문제 발생 시 부대서비스 제공 등

항공사에서 필요로 하는 교육수준은 전문대졸 이상이다. 업무 특성상 남자

직원이 많았으나, 요즘은 여자직원도 순환근무에 의해 많이 근무하고 있다.

8) 관제사

항공교통 관제관은 규칙과 규정에 따라 사고를 예방하고 출, 도착 지연을 최소화시키기 위해 항공기들의 비행을 통제하고 조정한다. 공항관제요원과 같은 일부의 관제사들은 조종사들에게 이·착륙 허가를 내린다.

또한 항공로 관제요원과 같은 일부 관제관은 출발지 공항과 목적지 공항 간 비행 중에 있는 조종사들에게 안전운항을 위한 정보를 제공한다. 세계경제 발전으로 인하여 항공로와 공항이 점점 혼잡해지고 있어 고용의 기회는 계속 늘어날 것이다.

9) 기타

위에서 설명한 부서 이외에도 공항에는 많은 부서가 있다. 항공기 기내식을 제공하는 케이터링서비스catering service, 항공기 객실 내를 정리·정돈하는 그루밍서비스grooming service 등 승객들이 직접 접할 기회가 많지 않은 부서에서 많은 항공사 직원들이 안전하고 원활한 항공운송 서비스를 위하여 근무하고 있다.

싱가포르항공 singapore airlines

'세계 최고의 서비스를 제공하는 항공사', '전 세계 비즈니스 여행객들이 가장 선호하는 항공사', '영국의 저명한 항공서비스 평가기관의 조사에서 10년 이상 수위를 달리는 항공사' 등 최고의 수식어를 달고 있는 싱가포르항공은 승객의 욕구를 만족시키기 위한 혁신적인 서비스를 내놓고 있다. 지금은 항공업계의 표준이 된 물수건 서비스, 승무원들이 무릎을 굽혀 승객의 눈높이 아래에서 제공하는 여러 서비스, 타 항공사와 차별된 음식을 제공하는 기내식 등 싱가포르항공의 기내서비스는 후발 항공사들의 벤치마킹 대상이 되고 있다. 싱가포르항공의 기내서비스 핵심은 승객 개인에 적합한 서비스를 제공한다는 것이다. 그리고 비행 중 승객의 체험을 보다 즐겁게 하기 위하여 여분의 서비스를 제공한다는 데 있다. 이러한 기내서비스 개념에 활기를 주기 위하여 아시아적인 개성과 신비성을 갖추고 있는 싱가포르 전통복장을 변형시킨 싸롱 케야바salon kebaya 유니폼을 입은 싱가포르항공의 승무원, 즉 싱가포르 걸이라는 아이디어가 탄생하게 된 것이다.

247

2. 예약직원 reservation staff

항공예약 부서의 가장 중요한 업무는 승객이 원하는 날짜, 시간에 항공여행 일정을 예약하는 것이다. 주요 업무는 다음과 같다.

- 항공여정 예약
- 목적지의 기후, 시간, 시차, 비행시간flying time 등의 항공여행 정보제공
- 항공사 직원의 도움이 필요한 장애인승객 등의 특별승객에 대한 서비스 예약
- 채식주의자vegetarian 등을 위한 특별기내식 예약 등이다.

항공사에서 필요로 하는 교육수준은 전문대졸 이상이다. 항공예약 부서는 승객이 항공여행을 위하여 최초로 접촉하는 부서로서, 전화응대 서비스예절이 필요한 부서이다.

3. 발권직원 ticketing staff

발권부서 직원은 항공여행 예약을 마친 승객이 원하는 시점에 티켓을 발권하는 부서이며, 항공사들은 공항 및 시내 지점에 카운터를 운영하고 있다. 주요 업무는 다음과 같다.

- 항공티켓의 발권
- 승객의 항공여행 일정에 대한 항공요금 산출
- 마일리지프로그램mileage program에 의한 무료항공권free ticket 발권
- 환불refund, PTAprepaid ticket advice 서비스
- 승객이 원하는 목적지정보 제공 등

항공사에서 필요로 하는 교육수준은 전문대졸 이상이다. 대한항공의 토파스topas 발권교육이나 아시아나항공의 아바쿠스abacus 발권교육을 이수한 학생에게는 채용시험 시 가산점을 주는 항공사도 있다.

4. 영업 및 마케팅 sales and marketing

영업은 크게 3개의 부서로 나누어진다. 우리가 일반적으로 이해하고 있는 대여행사영업travel agency sales, 기업을 대상으로 하는 기업영업corporate sales 그리고 정부의 공무여행을 위한 정부대상영업government sales이 있다. 미국 국적의 항공사는 미국정부 그리고 주한미군을 대상으로 하는 군판부military sales department가 운영되고 있다.

영업 및 마케팅부서의 주요 업무는 다음과 같다.

- 항공상품(좌석) 판매
- 대리점 관리(여행사 관리)
- 경쟁항공사의 영업전략 조사 및 대응
- 항공요금 조사 및 대응
- 계절별 특별요금 관리 등

영업 및 마케팅부서에서 필요로 하는 교육수준은 전문대졸 이상이다. 다양하고 많은 사람들을 상대하는 부서이기 때문에 활달하고 외향적인 성격이 요구된다.

Air travel with
a difference

It's Scandinavian

A STAR ALLIANCE MEMBER ✩

스칸디나비안항공 scandinavian airlines

항공사의 무형상품인 인적 서비스의 차별화를 강조하고 있다. 모든 항공사들이 유사한 항공기종 운영, 비슷한 기내서비스, 동일한 목적지 등으로 고객에게 어필하지 못하고 있는 시점에서 나온 차별화된 인적 서비스 내용은 잔잔한 이미지 광고로 다가온다.

5. 인사 human resources

인사부서는 필요인력 충원, 직원들의 업무능력 평가 등을 담당하는 부서이다. 주요 업무는 다음과 같다.

- 신입 및 경력직원 충원
- 직원들의 업무능력 평가
- 대외적인 공문서 작성 및 전송
- 직원들의 무료항공권trip pass 접수
- 회사의 대·소 행사 준비 및 진행 등

인사부서의 지원 자격은 전문대졸 이상이며, 업무 중 많은 부분을 내부적인 서류작업, 회사의 대·소 행사 등이 차지하므로 컴퓨터 실력과 원만한 대인관계를 유지할 수 있는 능력이 요구된다.

6. 관리 ticket administration

항공사 관리부서는 항공티켓을 관리하는 부서라 할 수 있다. 주요 업무는 다음과 같다.

- 공항 및 시내 카운터에서 발권되는 자사 항공권 관리
- 여행사에서 발권되는 티켓 관리
- BSPbank settlement plan 티켓 관리
- 항공티켓 커미션 관리
- IATAinternational air transport association 관련업무 처리

관리부서에서 필요로 하는 교육수준은 전문대졸 이상이며, 항공티켓 관리업무를 수행하기 때문에 세밀하고 차분한 성격의 소유자가 유리하다.

7. 기타

운항관리자dispatcher들은 항공로의 운항 스케줄을 짜고 IATA의 규정들이 집행되는지를 확인해야 하는 책임이 있다. 보안요원들은 수화물을 점검하고 승객들을 전자 검사 장치로 체크한다. 제복을 입은 많은 수의 보안요원들은 개인보안회사의 직원으로써 공항당국에 고용된 사람들이다.

케이터링 요원은 기내음식을 준비한다. 기내 그루밍서비스grooming service 스텝은 비행기에 세척타올, 생수, 잡지와 같은 품목들을 공급한다. 수화물 직원들은 수화물과 항공화물을 적재 하고 하역시킨다. 이 외에도 마일리지 서비스 카운터mileage service counter, 승객 만족 카운터customer satisfaction counter 등의 부서가 있다.

〈표 8-4〉 항공서비스 산업의 직업적 성공기회

직 업	필요 교육수준
항공사 공항 스텝	전문대졸, 대졸 유리, 4주간 교육훈련
항공사 예약, 발권직원	전문대졸, 대졸 유리, 4주간의 직무교육(컴퓨터교육 포함)
항공정비사	전문대졸 이상, 경력자 우대
운항관리자	4년제 대졸 이상, 통제사나 관계사와 같은 경력 소유자
객실승무원	전문대졸, 대졸 유리, 4~6주간 교육 필요, 외국어 능통자 유리
조종사	4년제 대졸, 항공기조정면허증, 무선자격증, 1500시간 이상 비행경험자, 군사비행훈련 또는 일반비행훈련 경험자
일반관리직	전문대졸 이상
영업, 마케팅	4년제 대졸 이상

부록

---

1. 주요 항공사 2. 항공용어해설

3. 항공사 코드

APPENDIX

부록 1 주요 항공사

01. 대한항공 Korean Airlines

1. 회사소개

1969년 3월 한진그룹이 국영 대한항공공사를 인수함으로써 민영 주식회사 대한항공으로 바뀌었다. 대한항공은 아시아나항공이 1988년 제2민항으로 출범하기 전까지 대한민국의 유일한 국적항공사로서 대한민국의 경제발전과 더불어 급성장을 거듭하여 국제항공화물 수송량기준(FTK 기준) 2006, 2010 5년 연속 세계 1위를 유지한 바 있다.

1988년 서울올림픽을 계기로 대한항공은 지역항공사의 이미지를 벗어나 세계적인 항공사로 발돋움하였으며, 총 127대의 항공기로 총 39개국 117개 도시에 걸친 광범위한 노선망을 구축하고 있다.

기내식 분야의 세계적인 권위지 팩스 인터내셔널PAX International에서 '2009 팩스 인터내셔널 리더십 어워드' 대상인 '글로벌 어워드'를 수상하는 영광을 차지하였으며, 보잉과 에어버스 양대 항공기 제작사가 꼽은 최고의 운항정시율을 기록한 항공사로 선정되었다.

> • **본사** : 서울특별시 강서구 공항동 1370번지 대한항공 빌딩
> • **홈페이지 주소** : http://kr.koreanair.com
> • **문의전화** : 1588-2001
> • **스카이팀**sky team : 2000년 6월 22일 설립된 항공 동맹체로서 대한항공, 아에로플로트(러
>   시아), 아에로멕시코, 에어유로파(스페인), 에어프랑스, 알이탈리아항공, 중국남방항공, 체코
>   항공, 델타항공, 케냐항공, KLM네덜란드항공, 베트남항공 등이 속해 있다.

대한항공은 Global Alliance인 스카이팀 이외에도 세계 유수항공사와 공동
운항 좌석교환 등의 전략적 제휴를 하고 있다.

2. 채용정보

1) 지상근무직원

(1) 근무부서
• 여객부문 : 여객영업, 여객예약 · 발권 · 판매, 여객운송
• 화물부문 : 화물예약 · 판매, 화물운송
• 전략 · 지원부서 · 운항관리

(2) 원서접수방법
• 대한항공 채용 홈페이지를 통한 인터넷 접수(우편 · 방문 접수 및 e-mail을
  통한 접수는 실시하지 않음)

(3) 지원자격
• 학력
  - 신입 : 2년제 대학 또는 4년제 대학 학력소지자로 졸업 후 만 1년이 경과
    하지 않은 자, 6개월 이내 졸업이 가능한 자

- 경력 : 2년제 대학 또는 4년제 대학 학력소지자로 만 35세 미만
- 어학 : TOEIC 500점 이상 또는 G-TELP Level 3(56%), Level 2(40%), Level 1(제한 없음)
- 기타 : 당사 신체검사기준에 결격사유가 없는 자, 기타 해외여행에 결석사유가 없는 자

(4) 제출서류

- 대학교 졸업(예정)증명서 및 전학년 성적증명서(석사학위 이상은 대학 이상 전학력 졸업 및 성적증명서)
- TOEIC 또는 TEPS 성적표 원본(2년 이내 성적에 한함)
- 자격증 사본(소지자에 한함)

※ 제출서류는 서류전형 합격자에 한함.

(5) 전형방법 및 절차

- 1차 : 서류전형
- 2차 : 1차 실무면접(집단토론은 10명의 지원자를 5명씩 2팀으로 나누어 사회 이슈에 대한 질문을 던진 뒤 찬반을 논하는 형태이다. 집단토론이 끝난 뒤에는 면접관이 특정인을 지목해 질문하고 답변을 듣는 개별 역량면접을 실시한다.)
- 3차 : 인성·직무 능력검사(KALSAT 1차 면접의 관문을 통과하면 지원자의 인성과 직무능력을 검사하기 위해 실시되는 테스트로, 실무면접 합격자에 한하여 치러진다. 보통 토요일에 실시되며 2시간 정도 소요된다. 객관식으로 구성되어 있으며, 성격적 특성을 분석하는 인성검사와 언어능력·수리능력·추리력·공간지각력 등 업무수행에 필요한 종합능력을 평가한다. 보통 결과에 따라 탈락시키기보다는 기초적인 인성평가 자료로서 활용되는 경우가 많다.)

- 4차 : 2차 외국어 구술 테스트 및 임원면접(서류전형부터 영어구술 테스트 까지 축적된 자료를 바탕으로 지원자를 종합적으로 판단하는 최종면접이다.)
- 5차 : 건강진단

2) 여승무원

(1) 원서접수방법
- 대한항공 채용 홈페이지를 통한 인터넷 접수(우편·방문 접수 및 e-mail을 통한 접수는 실시하지 않음)

(2) 지원자격
- 학력
  - 2년제 대학 이상 졸업자 및 2학년 이상 수료가능한 자(단, 재학생의 경우 3월 이전 입사가능자에 한함)
  - 전공제한이 없으며, 학업성적이 우수한 자
- 신장 : 162cm 이상
- 시력 : 교정시력 1.0 이상(라식수술 3개월 후)
- 어학 : TOEIC 550점 이상(단, 국내선은 해당사항 없음)

(3) 제출서류
- 1차 면접시 : TOEIC 성적표 원본 1부
- 2차 면접시 : 최종학교 성적증명서 1부, 졸업(예정)증명서 1부, 기타 자격증 사본(소지자에 한함)

(4) 전형방법 및 절차
- 1차 : 서류전형(온라인 지원양식으로 사진을 첨부하는 기본인적사항과 학력사항 자격사항 자기소개로 구성되어 있다. 자기소개는 지원동기와 입사

후 포부를 500자 이내로 작성하도록 되어 있다. 지원서에 기재한 모든 사항은 면접자료로 활용될 수 있으므로 기재한 내용은 따로 메모를 하여 기억해 놓도록 한다.)

- 2차 : 1차 실무면접(면접관 3인과 면접자 한 조의 형식으로 이루어지며, 걸음걸이, 말투, 억양, 질문에 대한 적절한 대답 등을 통하여 대한항공 승무원에 적합한지 관찰한다)

- 3차 : 인성 · 직무 능력검사(KALSAT 1차 면접의 관문을 통과하면 지원자의 인성과 직무능력을 검사하기 위해 실시되는 테스트로, 실무면접 합격자에 한하여 치러진다. 보통 토요일에 실시되며, 2시간 정도 소요된다. 객관식으로 구성되어 있으며, 성격적 특성을 분석하는 인성검사와 언어능력 · 수리능력 · 추리력 · 공간지각력 등 업무수행에 필요한 종합능력을 평가한다. 보통 결과에 따라 탈락시키기보다는 기초적인 인성 평가 자료로서) 활용되는 경우가 많다.)

- 4차 : 2차 임원면접(임원진 상위의 간부급들과의 면접이 이루어진다. 개인과 소수 그룹으로 진행되며, 3~5분 정도 소요된다. 기내방송문 읽기와 영어질문 · 답변으로 진행되며, 상황을 제시하고 대처능력을 보기도 한다.)

- 5차 : 신체검사와 체력검사 및 수영 테스트
  - 임원면접 합격자에 한하여 체력검사와 함께 대한항공 의료센터에서 실시된다. 검사 전일 22시 이후에는 금식을 요하며, 검사일 오전에는 신체검사, 오후에는 체력검사를 실시하게 된다.
  - 혈액검사 → 소변검사 → 시력 · 색맹 · 키 · 몸무게 측정 → 청력 → 치아검사 피부검사 / 팔 · 다리흉터검사 혈압측정 심전도검사 흉부엑스레이 · 척추엑스레이 귀압력검사 내과검진 배근력 · 악력
  - 체력검사 및 수영 테스트 : 신장 · 체중 체크 및 체지방측정, 윗몸 일으키기, 악력측정[1], 유연성 및 민첩성 측정, 제자리 높이뛰기, 눈감고 외발서기, 자전거타기, 수영 테스트[2]

(5) 면접복장

• 1차 면접 : 흰색 블라우스 또는 셔츠, 검정 스커트, 검정 구두

• 2차 면접 : 대한항공 유니폼 지급

3) 남승무원

(1) 원서접수방법

• 대한항공 채용 홈페이지를 통한 인터넷 접수(우편 방문 접수 및 e-mail을 통한 접수는 실시하지 않음)

(2) 지원자격

• 학력 : 4년제 대학 이상 졸업 및 졸업예정

• 어학 : TOEIC 750점 이상

• 시력 : 교정시력 1.0 이상

• 기타 : 병역필 또는 면제자로 해외여행에 결격사유가 없는 자

※ 2년간 인턴 객실승무원으로 근무 후 소정의 심의를 거쳐 정규직으로 전환 가능

(3) 제출서류

• TOEIC 성적표 원본

• 대학교 졸업(예정)증명서 및 전학년 성적증명서

• 기타 자격증사본(소지자에 한함)

---

1) 손의 쥐는 힘을 측정하는 것 : 지하철 손잡이와 같은 물체를 쥐어 순간의 힘을 측정
2) 배영을 제외한 모든 영법 사용가능 : 25m 완주 여부 테스트

(4) 전형방법 및 절차

- 1차 : 서류전형

- 2차 : 1차 면접

- 3차 : 2차 면접

- 4차 : KALSAT

- 5차 : 신체 체력검사 및 수영 테스트

4) 조종사

(1) 원서접수방법

- 대한항공 채용홈페이지를 통한 인터넷 접수(우편 방문접수 및 e-mail을 통한 접수는 실시하지 않음)

(2) 지원자격

- 민경력조종사

  - 비행학교 항공사 등에서 1,000시간 이상의 고정익항공기 비행경력을 보유한 자 중 당사 소정의 입사전형절차에 합격한 계약직조종사

  - 고정익 비행시간 총 1,000시간 이상인 자(단, 후방석 비행시간 제외)

  - 자격증명(CPL, IFR, MEL) 소지자(단, 미소지자는 조건부 지원)

  - 항공법 시행규칙 제95조에 정한 신체상의 결격사유가 없는 자

  - 학사학위 이상 소지자

  - 항공영어 구술능력증명 4등급 이상인 자(단, 미취득자 조건부 지원)

- 군경력조종사 : 공군조종사 출신자

(3) 전형방법 및 절차

- 1차 : 서류전형

- 2차 : 신체검사

- 3차 : 인성 적성검사, 영어구술평가
- 4차 : 지식 기량심사
- 5차 : 면접전형

(4) 제출서류
- 최종학교 졸업증명서 및 성적증명서 원본 각 1부
- 어학성적표(항공영어 구술능력증명 등) 원본 각 1부(소지자에 한함)
- 비행학교 수료증 사본 1부
- 자격증명(CPL, MEL, IFR) 사본 각 1부
- 비행경력증명서(기관 또는 비행학교 발급) 원본 1부
- 경력(또는 재직)증명서 원본 1부(소지자에 한함)
- 기타 자격증 사본 1부(소지자에 한함)

대한항공 승무원 복리후생

- **주택지원제도**
  - 사택지원 : 김포 김해 제주에 2,200세대 보유
  - 주택구입자금 전세자금 지원

- **의료지원제도**
  - 대한항공 부속의원
  - 50여명의 전문 인력 상주
  - 주요활동 : 전 직원에 대한 포괄적 항공산업 보건관리활동

- **학자금 지원제도**
  - 자녀학자금 지원 : 중 고 대학교 자녀학자금 지원
  - 해외유학자녀 및 해외주재원 자녀학자금 지원
  - 여직원육아 보육비 지원
  - 지원대학원 장학금 지원 : 인하대 국제물류대학원, 항공대 특수대학원 등

- 복리 및 사회보장 제도
  - 신용협동조합 운영
  - 국민연금 개인연금 지원
  - 건강보험 고용보험 산재보험 자가보험(암 및 질병 대상) 지원
  - 사내 근로복지기금 운영

- 항공권 지원제도
  - 대상 : 입사발령 3개월 이상 근무한 직원 및 가족
  - 직원용 할인항공권 제공 : 국내선 및 국제선
  - 결혼 효도 청원 근속여행용 항공권 제공
  - 직원용 타 항공사 할인항공권 제공(협정체결 항공사 대상)
  - 퇴직직원용 항공권 제공

- 문화여가지원제도
  - 장기근속직원 여행지원 : 근속년수 15년 이상 직원을 대상으로 가족여행항공권 및 여행비 지급
  - 콘도 지원 : 한화 한국 휘닉스 성우 등 총 256구좌 전국 콘도 보유
  - 취미반 활동지원 : 등산 축구 테니스 볼링 사진 회화반 등 33개 취미반
  - 헬스클럽 및 수영장 운영
  - 정년퇴직여행비 지원

- 생활지원제도
  - 경조사 지원
  - 사내 예식장 지원

3. 대한항공의 Q & A

1) 지상근무요원

Q : 예체능계열의 지원자들도 선발합니까? 선발한다면, 감점대상에 해당되는 것은 아닙니까?

A : 선발하며, 감점요인이 되지 않습니다.

Q : 영어 특기자 이외에 특별히 선호하는 외국어특기자가 있습니까?

A : 현재는 중국어 특기자에게 가산점을 주고 있습니다.

Q : 선발된 직원들의 평균 토익성적은 어느 정도입니까?

A : 지상근무직원 또한 승객에게 서비스를 제공하는 것이기 때문에 아무리 토익점수가 뛰어나다 하더라도 이미지가 맞지 않으면 선발될 수 없습니다. 최근에는 대부분의 지원자가 800점 이상의 점수를 받고 있습니다.

Q : 최근 면접문제는 무엇이 있었습니까?

A : 면접관에 따라 다른 질문을 합니다. 기본적으로 회사에 지원하게 된 동기와 고객 서비스에 대한 마인드가 올바른지를 질문하는 것으로 알고 있습니다.

Q : 지상직에서 승무원이 되는 케이스도 있습니까?

A : 지상직에서 승무원이 되는 경우는 없습니다. 승무원일 경우 다치거나 했을 때 근무성적이 좋은 사람에 한해 행정승무원으로 지상근무를 하는 경우는 있지만, 앞으로 이런 케이스는 많지 않을 것으로 생각됩니다.

Q : 해외근무파견은 어떤 직원에게 주어집니까?

A : 일반적으로 단기파견의 경우는 대리 과장급, 주재근무는 차장 과장급의 직원에게 자격이 주어집니다.

Q : 해외근무파견은 어떤 직원에게 주어집니까?

A : 일반적으로 단기파견의 경우는 대리 과장급, 주재근무는 차장 과장급의 직원에게 자격이 주어집니다.

Q : 지상요원을 선발할 때, 외모, 어학실력, 서비스 마인드 중 면접관이 가장 중요하게

생각하는 요소는 무엇입니까?

A : 외모와 어학실력이 아무리 뛰어나다 하더라도 서비스 마인드가 밑바탕
이 되지 않으면 아무런 소용이 없습니다. 용모가 뛰어나거나 또는 어학
실력이 훌륭하더라도 불친절한 직원에게 서비스를 받고 싶은 고객은 없
기 때문입니다.

Q : 지상요원 선발 시 키는 당락을 좌우할 정도로 중요한가요?

A : 그렇지 않습니다. 지상직원일 경우, 특별히 키에 대한 규정은 없으나, 160cm
이상을 선발하고 있습니다.

Q : 복리후생은 어떻습니까?

A : 직원들에게는 할인 또는 무료 항공 티켓이 제공됩니다. 노선마다 다 다
른 혜택이 주어지는데, 본인에 한해 100% 국내선 왕복티켓이 주어집니
다. 직계가족에게 연 18회 할인혜택을 주고 있습니다. 그러나 결혼 후에
는 본인의 형제가 할인혜택에서 제외되기도 하고, 별도의 공항 텍스(tax)
는 자신이 부담해야 합니다. 가령 4인 가족이 제주도를 여행한다고 할
때, 1인당 14만원, 총 60만원에 이르는 항공료가 90% 할인되어 총 5만원
의 비용이 듭니다.

Q : 휴가제도는 어떻습니까?

A : 여름휴가는 없습니다. 신입의 경우 연 10일의 휴가가 있고, 해마다 1일씩
증가합니다.

Q : 다른 부서로 이동할 수 있습니까?

A : 직무전환 프로그램으로 직원을 교육시키고 있으며, 공항 예약 발권 등의
업무를 돌아가면서 교육 적응시키고 있습니다.

2) 승무원

Q : 여승무원은 직업의 특성상 근무기간이 짧다고 하는데, 평균적인 근무기간은 몇 년
   정도입니까?

A : 많은 여성들이 승무원을 선호직업으로 생각하고 있지만, 체력적으로 굉
   장히 힘든 직업입니다. 평균근무기간은 3년 정도입니다. 터뷸런스(기체
   요동)로 인한 부상도 흔히 겪는 고충이며, 결혼 후 그만두는 승무원들이
   많았으나, 요즘은 줄어들고 있는 추세입니다.

Q : 승무원에서 다른 부서로 옮기는 경우도 있습니까?

A : 여승무원의 경우, 근무성적이 좋은 직원은 서비스 아카데미(service aca-
   demy) 같은 기관으로 부서를 이동하게 하여 후배양성의 기회를 제공하
   기도 합니다.

Q : 승진 시 몇 년 정도가 소요되는지요?

A : 부사무장의 직책이 되는데는 평균 3년, 사무장은 평균 7~8년이 소요됩니다.

Q : 근무 시 팀별로 움직인다고 들었는데 보통 몇 명의 직원들이 한 팀으로 구성됩니까?

A : 항공기의 기종에 따라 달라지는데, 4~18명 정도가 한 팀으로 구성됩니다.

Q : 저는 외모는 자신이 있는데 어학준비를 많이 하지 못했습니다. 영어를 못하면 시험
   에 떨어지나요?

A : 사실 현직승무원의 경우도 어학실력이 떨어지는 사람이 많습니다. 가장
   중요한 것은 서비스 마인드이며, 뛰어난 용모보다는 선한 이미지를 선호
   하는 편입니다.

Q : 승무원이 되기에는 키가 조금 작지만 영어 및 일어가 능통합니다. 이런 경우에는 시
   험에 합격할 수 있는지요?

A : 현재 162cm 이상으로 키를 제한하고 있으나, 가령 키가 161.9cm이지만 다른 조건이 뛰어난 지원자에게는 기회를 주는 경우도 있습니다.

Q : 승무원이 되면 외국에서 생활해야 하는지 궁금합니다.
A : 한국에서 거주합니다.

Q : 교육과정을 치르는 중 중도 포기하는 사람이 있습니까?
A : 힘든 선발과정을 겪은 합격자들이 중도 포기하는 경우는 거의 없으며, 사실상 있다 하더라도 많지 않습니다.

3) 조종사 및 기술직

Q : 조종사가 되는데 특별한 자격조건이 있습니까?
A : 특별한 제한은 없습니다. 따라서 공군조종사 출신, 민간출신, 국외조종사 등 다양한 경로로 선발되고 있습니다.

Q : 기술직 채용에 관해 설명해 주십시오.
A : 4년제 대학교 졸업 이상의 기술직 직원채용에 있어서는 전기 전자, 항공 등과 같은 전공의 지원자를 선발하고, 고졸과 2년제 대학 졸업의 기술직은 직업훈련소에 선발하거나 또는 인문계열인 비전공자에 한해서 선발·교육시킵니다.

4. 면접기출문제

1) 1차 면접대비 인터뷰

• 자기소개를 해 보십시오.
• 누가 지어 준 이름입니까?
• 고향이 어디입니까?

- 가족관계에 대해 말해 보십시오.
- 전공과목은 무엇입니까?
- 자신의 전공에 대하여 어떻게 생각합니까?
- 아버님의 직업은 무엇입니까?
- 가훈은 무엇입니까?
- 집에서 시험장까지 얼마나 걸렸습니까?
- 졸업 후의 계획은 무엇이었습니까?
- 장기간 병원에 입원한 적이 있습니까?
- 취미는 무엇입니까?
- 가장 기억에 남는 여행은 무엇입니까?
- 어학연수경험이 있습니까?
- 좋아하는 스포츠가 있습니까?
- 여성의 흡연에 대해 어떻게 생각합니까?
- 최근에 읽은 책 중에서 가장 인상에 남는 것이 있다면 무엇입니까?
- 오늘 아침 신문에서 주의 깊게 본 기사는 무엇입니까?
- 사랑에 대한 당신의 철학은 무엇입니까?
- 자신의 장·단점에 대해 말해 보십시오.
- 자신의 단점을 고치기 위해 어떻게 합니까?
- 학창시절 동아리활동에 대해 말해 보십시오.
- 대학생활 중 가장 아쉬웠던 점은 무엇이었습니까?
- 자격증을 갖고 있습니까?
- 선생님 중에 기억에 남는 분은 누구십니까?
- 방학을 어떻게 보냅니까?
- 아르바이트를 해 본 경험이 있습니까?
- 무엇이 최고의 행복이라고 생각합니까?
- 승객이 당신의 엉덩이를 만졌다면 어떻게 대처하겠습니까?

- 항공산업은 어떻게 발전해야 한다고 생각합니까?
- '당시의 핫이슈'에 대해 어떻게 생각하십니까?
- 좋은 서비스란 무엇입니까?
- 지역감정에 대해 어떻게 생각합니까?
- 행복의 전제조건은 무엇입니까?
- 우리나라 여성의 지위는 어떠하다고 생각합니까?
- 스튜어디스가 지녀야 할 덕목은 무엇입니까?
- 첫 월급은 어떻게 쓰고 싶습니까?
- 비행기를 처음 타보았을 때 느낌은 어땠습니까?
- 거액의 돈이 갑자기 생긴다면 어떻게 하시겠습니까?
- 한 달에 미용실은 몇 번 정도 이용합니까?
- 경쟁항공사와 우리 항공사의 차이점은 무엇입니까?
- 경상도 여자의 단점은 무엇이라고 생각하십니까?
- 서비스란 무엇이라고 생각하십니까?
- 왜 전공과 상관없는 이 직업을 선택하셨습니까?
- 백만 원이 생긴다면 무엇을 하시겠습니까?
- 지원 동기는 무엇입니까?
- 이전에 지원한 적이 있습니까? 있다면 탈락한 이유가 무엇이라고 생각하십니까?
- 흡연에 관하여 어떻게 생각하십니까?
- 남자친구 자랑을 해 보십시오.
- 가보고 싶은 나라는 어디입니까?
- 5분 동안 자기 PR을 해 보십시오.
- 여가시간은 어떻게 보내십니까?
- 아버지에 관하여 말씀해 보십시오.
- Tell me about yourself please.

- Who named your name?

- Where were you born?

- Tell me about your family please.

- What is your major?

- What do you think of your major?

- What is your father's job?

- What is your family's motto?

- How long does it take to this office from your home

- What was your plan after graduation?

- Have you ever been in the hospital for a long time?

- What are your hobbies?

- What is the most impressive trip you've taken?

- Have you ever been abroad for language training?

- What is your favorite sports?

- What do you think about female smoking?

- What is the most impressive book you've read recently?

- What is the most impressive article on today's paper?

- What is your philosophy of LOVE?

- Tell me about your strength and weakness.

- How would you get over your weakness?

- Tell me about your extracurricular activities in your school days.

- What did you miss most when you were in college?

- Do you have any licence?

- Who is the most memorable teacher?

- How do you spend your vacation?

- Have you ever had a part time job before?

- What does 'the best happiness' mean to you?

- If a passenger tried to touch your butt, what would you do?

- Do you think how to develop the airline industries?

- How do you think of current topics?

- What is the best service?

- What do you think of regionalism?

- What is the precondition of happiness?

- What do you think of the status of women in this country?

- What would you see the most important qualification working as a flight attendant?

- How would you spend your first salary?

- How did you feel when you were on board for the first time?

- What would you do if you get big money unexpectedly?

- How often do you go to the beauty parlor per a month?

- What are differences between rival airlines and our company?

- How do you think of the weak point of women coming from Kyungsang Province?

- What do you think of service?

- Why do you apply for this job even it's not really related with your major?

- What would you do if you got one million won?

- Why do you apply for this position?

- Have you ever applied before? if so, what do you think you eliminated?

- How do you think of smoking?

- Boast about your boy friend please.

- Which country do you want to go?

- Make a PR on yourself within 5 minutes.

• How do you spend your spare time

• Please tell me about your father.

2) 2차 면접대비 영어 인터뷰

• Tell me about yourself.

• Could you let me know about your family?

• Have you ever taken to korean air, How was it?

• Tell me how can they improve their service?

• What country would you like to visit in the future?

• How can you do if a passenger frequently bother you?

• Why do you want to work for us?

• Why do you want to be a flight attendant?

• What is your ambition as a member of our company?

• Did you have breakfast? what did you eat?

• What kinds of food do you like?

• What foods can you make?

• How do you cook it?

• Have you ever traveled abroad?

• What did you learn from them?

• How are you feeling today?

• Where are you from?

• What impressed you most in your school days?

• What do you think about cabin crew's qualification?

• If foreigner comes up to you and ask about Myeong-dong, How can you introduce about Myeong-dong?

• If you see a passenger is smoking, what should you say?

- Do you like cook?

- What kinds of sports do you like? and why?

- Did you see the news in the morning?

- What is the different thing between ke and oz?

- Where do you live in?

- What is your major? / What was the most impressive thing in your major?

- Have you ever taken another airlines?

- What do you think about "lesbian love"?

- What do you think about "cohabitation"?

- Do you have a boyfriend?

- How did you study for english?

- What did you do for improving your english proficiency?

- Tell me about KE or OZ uniform's image.

- What do your parents think of your coming a flight attendant?

- What company do you work for?

- What is the real service mind?

- How many do you know about KAL?

- If you see that a passenger takes away blanket what should you do?

- Do you know "SKY PASS"? Tell me explain.

- How can you do if a passenger touch your hips?

- Do you like coffee? Have you ever visited in "star bucks"?

- Do you have foreign friends?

- Where do you want to introduce the place to foreigner?

- Where do you want to go on your honeymoon?

- How do you keep yourself healthy?

- If a passenger has a cold, what should you do?

- Do you prefer to work alone or as the member of a team?
- Did you have service part-time job?
- Where you involved in any club activities at your university? and if you were, what did you learn from them?
- Do you get along well with people?
- What is the principle of your life?
- What do you think of woman's smoking?
- What are you going to do if a child disturb other passengers?
- Have you had any part-time job?
- If you are employed, how long are you going to work for us?
- Are you conservative or liberal?
- What would you say about your strong and weak points?
- Do you have any hobbies?
- Since when did you want to become a flight attendant?
- Please tell me about love marriage and arranged marriage?
- What do you do on holiday / weekends?
- How can you speak english?
- Tell me about the names of cocktails as much as you know.
- How many languages can you speak?
- What kind of activities at college?
- What are you interested recently?
- What is your ideal image of a man / woman?
- What does your father work to do?
- Tell me about your city.
- How do you spend your spare time?
- Tell me about famous east food.

- Who do you respect without your parents?

- Who do you want to meet among entertainers? and why?

- How do you live with your neighborhood?

- What kind of movies do you like?

- What did you do last weekend?

- How do you prepare for english interview?

- Do you bring up pet?

- Tell me about your sister or brother.

3) 임원면접 기출문제

- 대통령으로서 필요한 자질 2가지에 대해서 말해 보십시오.

- 첫 지원인데 왜 그동안 지원하지 않았나요?

- 마지막으로 하고 싶은 말 있으면 해 보십시오.

- 체력이 약해 보이는데 어떻게 운동합니까?

- 지금 하고 있는 일이 있습니까?

- 가장 자신 있는 것을 말해 보십시오.

- 서비스를 세 단어로 말해 보십시오.

- 영어공부는 어떻게 했습니까?

- 지난번에 떨어지고 나서 어떤 생각을 했습니까?

- 막연한 동경에 승무원을 지원한 것 아닙니까?

- 학점이 왜 낮습니까?

- 은행 텔러인데 좋은 직업을 두고 왜 지원했습니까?

- 날카로우신 것 같은데 아니라고 반박해 보십시오.

- 승무원이 되기 위해 무엇을 준비했습니까?

- 동물들 중에 나를 비유하자면 어떤 동물이 생각이 납니까?

- 아르바이트 경력에 대해서 말해 보세요.

- 화장을 직접 했습니까?
- 일어로 일상회화가 다 되십니까(일어전공)?
- 싫어하는 친구의 유형 / 마음을 터놓고 얘기하는 친구의 수에 대해 말해 보십시오.
- 승무원 양성학원에 대한 견해를 말해 보십시오.
- 왜 대한항공이 당신을 뽑아야 합니까?
- 전공소개 및 왜 전공을 살리지 않았습니까?
- 사람을 대할 때 무엇을 가장 중요시합니까?
- 고등학교 · 대학교 시절에 대하기 까다로웠던 친구가 있었습니까?
- 남자친구가 있습니까?
- 아르바이트 경험 중에 가장 힘들었던 손님은 어떤 손님이었습니까?
- 영문과인데 토익점수가 낮은 이유는 무엇입니까?
- 영어성적 반영에 대해 어떻게 생각합니까?
- 인성 적성검사는 어느 정도 비율로 적용해야 할 것 같습니까?
- 직장생활하면서 학생 때와 다르다고 생각되는 점이 있다면 무엇입니까?
- 인성 적성검사가 많이 어려웠습니까?
- 학력위조에 대해 어떻게 생각합니까?
- 자주 가는 식당에 대해서 말해 보십시오.
- 최근에 본 영화는 무엇입니까?
- 자기가 읽은 책과 그 책이 자신의 삶에 미치는 영향에 대해서 말해 보십시오.
- 봉사활동경험이 있습니까?
- 친구들이 부르는 별명이 있다면 무엇입니까?
- 면접 보러 오기 전에 부모님이 뭐라고 말씀하셨습니까?
- 눈이 큰데 주위친구들이 뭐라고 합니까?
- 토익점수가 높은데 어떻게 공부했습니까?
- 전공이 영문과인데 좋아하는 문학 작가는 누구인가요?

- 말이 빠른데 성격이 급한 편입니까?
- 첫 지원인데 졸업 전에는 왜 지원 안했습니까?
- 서비스직을 택한 이유는 무엇입니까?
- 제일 자신 있게 대답할 수 있는 질문이 뭡니까?
- 면접장 오면서 무슨 생각을 했습니까?
- 혼자만 파란색의 유니폼을 입었는데 그 이유가 있습니까?
- 몇 시에 일어났습니까?
- 승무원 말고 다른 직업을 가지고 싶다면 무엇을 하고 싶습니까?
- 전에 다니던 직장은 왜 그만뒀습니까?
- 대한항공의 저가항공사 설립에 관한 견해를 말해 보십시오.
- 대한항공의 이미지는 어떻다고 생각합니까?
- 고객의 입장에서 대한항공에 받고 싶은 서비스를 말해 보십시오.
- 아시아나와 대한항공의 서비스를 비교해 보십시오.
- 대한항공이 젊은 층을 확보하기 위해서는 어떻게 해야 한다고 생각합니까?
- 대한항공 주가에 대해 알고 있습니까?
- 최근 취항지에 대해 아는 대로 말해 보십시오.
- 대한항공 유니폼에 대해서 어떻게 생각합니까?
- 대한항공 건물에 와서 느낀 점 / 어떤 생각이 들었습니까?

4) 롤 플레이 기출문제

- 기내품이 떨어졌다면 어떻게 대처하겠습니까?
- 이코노미 승객이 좌석을 업그레이드시켜 달라고 하면 어떻게 하겠습니까?
- 승객이 승무원들이 치고 다닌다고 화를 내고 있을 때 어떻게 하겠습니까?
- 난기류 시 승객이 화장실을 가려고 한다면 어떻게 하겠습니까?
- 만약 기내에서 서비스 시 승객에게 와인을 쏟았을 때 어떻게 대처하겠습니까?
- 기내에서 이가 아프다는 승객이 있다면 어떻게 하겠습니까?

- 기내에 담요가 다 떨어졌는데 고객이 담요를 원한다면 어떻게 대처하겠습니까?
- 술취한 승객이 와인을 더 달라고 하면 어떻게 대처하겠습니까?
- 기내에 물이 부족한데 승객이 물을 달라고 하면 어떻게 하겠습니까?
- 임산부가 더 큰 자리를 원할 경우 어떻게 하겠습니까?
- 무거운 짐을 들어 달라는 승객을 어떻게 하겠습니까?
- 속이 쓰리다며 아파하는 승객을 어떻게 하겠습니까?
- 기내에 승객이 탑승하면 그 날 생일인 분들에 한해 생일이라고 리스트에 뜨는데, 항공사 측에서 따로 주는 선물이 없지만 당신이라면 어떻게 하겠습니까?
- 통로 쪽 손님이 자리가 없는 상황에서 창가 쪽으로 자리를 바꿔 달라고 하면 어떻게 하겠습니까?
- 기내 기념품이 떨어졌는데, 아이손님이 달라고 보채면 어떻게 대처하겠습니까?
- 승객이 비싼 볼펜을 잃어버렸다고 찾아 달라고 하면 어떻게 하겠습니까?

02. 아시아나항공 Asiana Airlines

1. 회사소개

2007년 이후 4년 연속 세계적인 항공산업 전문연구기관인 영국 스카이트랙스가 선정한 5성급 항공사로 선정된 대한민국의 항공사로서 1988년 대한민국의 제2민항으로 설립되었다. 고운 색동날개만큼이나 아름다운 미소로 고객에게 다가서고 있는 아시아나의 서비스는 고객의 눈높이에 맞춘 고객만족 서비스를 실천하고 있다. 그 중 하나가 동절기 기간(11월 중순 3월 중순)동안 한국과 날씨가 다른 지역으로 여행하는 국제선 고객의 코트와 양복 무료보관 서비스이다. 아시아나항공의 세심함을 느낄 수 있는 또 다른 서비스는 애완 동물 운반함 대여 서비스이다. 국내선을 이용하는 고객들의 애완동물을 안전하게 수송하고 운항의 안전을 위한 전용 애완 동물 운반함을 무료로 대여해 주는 서비스를 제공하고 있다.

68대의 항공기를 보유하고 있으며, 국내선 12개 도시 13개 노선, 국제선 20개국 66개 도시 82개 노선(여객)과 14개국 22개 도시 19노선(화물)으로 운항하고 있다. 직원 수는 승무원 1,800여명을 포함하여 총 6,200여명이다.

- **본사** : 서울특별시 강서구 오쇠동 47번지 아시아나 타운
- **홈페이지 주소** : http://flyasiana.com/
- **문의전화** : 02-2669-8180
- **스타얼라이언스**star alliance : 스타얼라이언스는 1997년 세계 최초로 형성된 항공사동맹체로서, 서비스의 규모와 품격, 안전도에서 세계 최고를 자랑하고 있다. 아시아나항공은 스타얼라이언스의 정규회원사로서 최고의 서비스를 제공할 것을 약속하고 있다. 에어캐나다, 에어차이나, 에어뉴질랜드, 전일본공수ANA, 아시아나항공, 오스트리아항공, 비엠아이(영국), 콘티넨탈항공, 이집트에어, 폴란드항공, 루프트한자독일항공, 스칸디나비아항공, 상해항공, 싱가포르항공, 스펜에어(스페인), 탑포르투갈, 타이항공, 터키항공, 유나이티드항공, 유에스항공, 남아프리카항공, 스위스항공이 속해 있다.

아시아나 서비스

- **참신한 서비스** : 최신기종의 새 비행기와 진부하지 않고 언제나 신선함을 잃지 않는 마음으로 고객을 모신다.
- **정성어린 서비스** : 눈에 보이지 않는 작은 일에 있어서까지 한국적인 미덕이 몸에서 배어나는 세심한 배려와 친절로 고객을 모신다.
- **상냥한 서비스** : 마음에서 우러나는 밝고 환한 미소와 항상 상냥한 모습으로 고객을 모신다.
- **고급스런 서비스** : 기내식의 작은 비품과 행동까지도 품격을 생각하는 최고급의 정신으로 고객을 모신다.

2. 채용정보

1) 지상근무직원

(1) 지원방법
- 아시아나항공 홈페이지 채용정보에서 On-line 접수(우편, 방문, e-mail 접수는 실시하지 않음)

(2) 지원자격
- 학력
  - 2년제 대학 졸업 또는 졸업예정
  - 전학년 학점평균 2.5점 이상(4.5만점 기준)인 자
  - 전공제한 없음(어학·관광계열 전공자 우대)
  - 성적우수자 우대
- 어학 : TOEIC 혹은 G-TELP(미소지자 응시불가, 지원마감일 기준년 이내 성적소지자)
- 기타 : 해외여행 및 신체검사 기준에서 결격사유가 없는 자

(3) 제출서류
- 입사지원서(지원서 보기에서 출력 후 사진부착) : 여권용 혹은 증명사진 부착
- 최종학교 졸업(예정)증명서 1부
- 최종학교 성적증명서 1부(증명서 제출 시 4.5만점으로 환산)
- 자격증 사본 및 어학TOEIC, G-TELP증명서 원본(어학증명서 원본은 지원 마감일 기준 2년 이내 성적에 한함)

(4) 전형방법 및 절차
- 1차 : 서류전형

- 2차 : 1차 실무면접(지원자는 질문을 통해 전반적인 이미지와 말투 자세 등을 평가받게 된다.)
- 3차 : 2차 임원진면접(임원진 · 간부급과 면접이 진행되고, 회사에 대한 정보 및 기본상식 등에 관련된 질문을 받게 된다. 지원자를 종합적으로 판단하는 면접이다.)
- 4차 : 신체검사
- 5차 : 최종발표

2) 승무원

(1) 지원방법
- 아시아나항공 홈페이지 채용정보에서 On-line 접수(우편, 방문, e-mail 접수는 실시하지 않음)

(2) 지원자격
- 학력 : 2년제 대학 이상 학력 소지자(기졸업 또는 졸업예정자)
- 어학 : TOEIC 또는 G-TELP(소지자에 한함, 2년 이내 국내 정기시험성적만 인정)
- 신장 : 키제한을 폐지했으나 암리치arm reach 2m 20cm 적용(암리치란 까치발을 들고 팔을 쭉 뻗어서 닿는 높이, 즉 220cm 이상)
- 시력 : 나안시력 0.2 이상, 교정시력 1.0 이상(라식수술한 경우 3개월 이상 경과)
- 기타
  - 학업성적이 우수하고 해외여행에 결격사유가 없는 자
  - 남자의 경우 병역을 필하였거나 면제된 자

(3) 제출서류

- 입사지원서(on-line 등록 후 지원서 보기에서 인쇄, 사진부착)
- 자기소개서(on-line 등록 후 지원서 보기에서 인쇄, 반드시 온라인으로 작성후 인쇄)
- 자격증 사본(소지자에 한함, 운전면허증 제외)
- 어학 : TOEIC, G-TELP증명서 원본(지원마감일 기준 2년 이내 국내정기시험성적표)
- 최종학교 성적증명서 원본 1부(편입한 경우 편입 전 학교성적증명서 포함)
- 최종학교 졸업(예정)증명서 원본 1부(편입한 경우 편입 전 학교졸업증명서 포함)

(4) 전형방법 및 절차

- 1차 : 서류전형
- 2차 : 1차 실무면접(면접관 4명과 지원자 8명으로 이루어지는 한 조 형식으로 진행된다. 지원자는 전반적인 이미지와 말투, 자세 등을 평가받게 된다.)
- 3차 : 인성 · 적성검사 및 체력측정(수영 테스트 포함)
- 4차 : 2차 임원면접(임원진 및 간부급들과 7~8명 정도의 지원자로 이루어진 그룹면접으로 실시된다. 면접에서는 회사정보와 기타 기본상식 그리고 직업에 대한 투철한 의식 등에 대한 질문을 받게 된다. 영어구술 테스트 포함)
- 5차 : 신체검사(설문지작성 → 혈액검사 · 소변검사 → 시력검사 · 색맹검사 → 유연성 테스트 → 내과검사 → 귀 압력검사 → 청력 테스트 → 악력 · 배근력 테스트 → 흉터 체크 → 발톱 · 발바닥 체크 → 엑스레이 → 심전도검사)

(5) 면접복장 및 헤어

- 상의 : 흰색 또는 아이보리색의 반소매 블라우스 또는 셔츠
- 하의 : 검정색 기본 스타일의 무릎 위 5cm 길이의 스커트

- 스타킹 : 살색 또는 커피 1호
- 구두 : 장식 없는 검정색 하이힐
- 헤어 : 흘러내리지 않도록 단정히 묶어 망을 하거나 커트머리는 귀 뒤로 넘긴다.

3) 조종사

(1) 지원방법

아시아나항공 홈페이지 채용정보에서 On-line 접수(우편, 방문, e-mail 접수 는 실시하지 않음)

(2) 지원자격

- 학력
  - 학사학위 이상 학력 소지자
  - 기졸업 또는 졸업예정자로서 회사 지정일에 입사가 가능한 자
- 전공 : 제한 없음.
- 신체자격 : 항공법 시행규칙 신체검사 기준에 결격사유가 없는 자
- 어학 : TOEIC 700점 이상 또는 항공영어능력증명 4등급 이상(FAA 영어자 격 인정불가)(채용전형 개시일 기준 2년 이내 성적만 인정)
- 기타
  - 기본면장 : MEL, COM / IFR을 소지한 자
  - 총비행시간 250시간 이상인 자(쌍발 50시간 필수, 회전익 제외)
  - 해외여행에 결격사유가 없는 자
  - 남자의 경우 병역을 필하였거나 면제된 자

(3) 제출서류

- 입사지원서(on-line 등록 후 지원서 보기에서 인쇄, 사진부착)

- 자기소개서(on-line 등록 후 지원서 보기에서 인쇄, 반드시 온라인으로 작성후 인쇄)
- 자격증 사본(기본면장 필수)
- 어학성적표(TOEIC 또는 항공영어구술평가) 원본(우편 및 방문 발급의 성적표만 인정되며, 인터넷(온라인) 발급 성적표는 제출 불가)
- 최종학교 성적증명서 원본 1부(편입한 경우 편입 전 학교성적증명서 포함)
- 최종학교 졸업(예정)증명서 원본 1부(편입한 경우 편입 전 학교졸업증명서 포함)
- 비행기록부 사본
- 비행기록부 수료증
- 비행기록부 Receipt

(4) 전형방법 및 절차
- 1차 : 서류전형
- 2차 : 영어시험(TOEFL 형식) 및 인성검사
- 3차 : 2차 서류전형
- 4차 : 필기시험(적성실기 및 항공상식)
- 5차 : 1차 면접
- 6차 : 1차 신체검사
- 7차 : 2차 면접
- 8차 : 2차 신체검사

4) 정비훈련생

(1) 지원방법
- 아시아나항공 홈페이지 채용정보에서 On-line 접수(우편, 방문, e-mail 접

수는 실시하지 않음)

(2) 지원자격
• 학력 : 제한 없음.
• 나이
  – 1986년 1월 1일 이후 출생한 자로 병역을 필한 자
  – 면제자는 1989년 1월 1일 이후 출생자(2011년 기준)
• 기타
  – 신체검사기준에 결격사유가 없는 자
  – 2012년 1월 1일 입학이 가능한 자(2012년 기준)

(3) 제출서류
• 지원서(인터넷 지원서 보기에서 출력하여 사진부착)
• 개인별 주민등록초본
• 최종학력 생활기록부(성적 포함)(단, 대졸, 2년제 대학 졸업자는 고졸 생활
  기록부)
• 어학성적표(TOEIC 성적 500점 이상인 자)

(4) 전형방법 및 절차
• 1차 : 서류전형 및 TOEIC 대상자 발표
• 2차 : TOEIC 시험
• 3차 : 면접 및 신체검사
• 4차 : 최종발표

(5) 특전
• 훈련생에게 소요되는 경비 전액을 당사에서 부담

- 훈련수당 및 훈련복 지급
- 교육수료 후 당사 소정의 입사전형절차에 의거해 합격자는 항공정비사로 채용

아시아나항공 승무원 복리후생

기본적인 한 달의 Day Off는 7~8일(생리휴가 포함)이고, 연간 휴가는 입사 당해년도에 8일 정도 쓸 수 있으며, 근무년수에 따라 하루씩 증가한다.

- 입사한지 2년이 지나서 임신할 경우, 육아 휴가 및 출산 휴가로 17개월 정도를 허락한다.
- 재형저축을 들 수 있고, 학자금 융자를 받을 수 있으며, 모든 유니폼은 회사로부터 지급받는다.
- 국제선일 경우는 거리에 따라 다른데, 보통 3박 4일 코스가 가장 많다. 현지에 도착한 후 2박 쉬고, 도착해서 이틀을 쉰다. 4~5일인 경우는 현지에서 3박을 하고 도착해서 이틀을 쉰다.
- 스케줄은 한 달 단위로 짜여져 있으며, 다양한 노선이 있기 때문에 2년 정도 근무하면 취항지 전부를 여행할 수 있다.
- 국제선의 경우 비행수당이 지급된다. 예를 들어 3박 4일인 경우 100~120 달러를 받게 되는 데, 체재하는 기간이 길면 길수록 더 많은 체재비를 받게 된다.
- 퇴직한 후의 복직은 근무년수에 따라서 파트타임으로 복직이 가능하다.
- 아시아나항공에 소속된 직원이 자사의 비행기를 이용할 경우 할인혜택을 받고 있으며, 국내 선의 경우, 본인이 이용할 때에는 50%의 할인을 받으며, 1년에 4회는 100% 받을 수 있다. 국제선일 경우는 75%이다.
- 타국의 항공사를 이용할 경우에도 할인혜택을 받는데, 아시아나항공과의 계약관계에 따라 할 인율은 차이가 있다.

---

3. 아시아나항공의 Q & A

Q : 면접관은 지상요원을 선발할 때 무엇을 체크합니까?

A : 타항공사 면접과 유사합니다. 외국어능력과 서비스 마인드의 유무 등을 중요하게 보고 있습니다.

Q : 관련전공자일 경우 선발과정에서 가산점을 부여받습니까?

A : 전공 유무에 관계없이 선발기준에 적합해야만 합니다.

Q : 선발 시 키는 당락의 중요한 요소입니까?

A : 승무원의 경우 여자는 162cm, 남자는 170cm 이상이어야 하지만(이는 기
　　내 선반에 도달할 수 있는 최소신장입니다), 다른 부서의 경우에는 신장
　　제한이 없습니다.

Q : 지상직원으로 근무하다가 승무원으로 근무부서를 옮길 수 있습니까?

A : 없습니다. 승무원시험을 통과해야 합니다. 하지만 승무원의 경우 근무성적
　　이 우수하고 본인이 원할 경우 승무원 훈련부서로 발령받을 수 있습니다.

Q : 토익점수나 토플점수가 높으면 영어필기시험이 면제됩니까?

A : 영어필기시험이 면제되지 않으나 서류전형 시 가산점을 부여받을 수 있
　　습니다.

Q : 승무원면접 시 가장 중요한 부분은 외모입니까?

A : 외모보다는 어학실력과 서비스 마인드가 중요합니다.

Q : 아시아나는 영어점수로 1차 면접대상자를 가립니까?

A : 응시자 수가 많을 경우에는 성적순으로 면접을 제한할 수도 있으나 그런
　　경우는 극히 드물고, 면접과 영어 인터뷰가 매우 중요합니다.

Q : 아시아나의 면접 때는 무조건 반팔을 입어야 합니까?

A : 흰색 반팔 블라우스와 검정 스커트가 기본이며, 팔 다리의 흉터 유무를
　　보기 위해 반드시 반팔을 입어야 합니다.

4. 면접기출문제

1) 지상직 면접기출문제

- 매일 신문을 봅니까?
- 신문을 보면 어떤 면을 먼저 봅니까?
- 만약 하기 싫은 일이 주어진다면 어떻게 하겠습니까?
- 언제까지 근무할 생각입니까?
- 친구가 많습니까?
- 여성이 직업을 갖는 것에 대해 어떻게 생각합니까?
- 어떤 회사, 어느 분야에서 일하고 싶습니까?
- 가족자랑·학교자랑·전공소개 등을 영어로 해 보십시오.
- 당신에게 지금 돈 5,000만원이 생기면 무엇을 하겠습니까?
- 서비스란 무엇이라고 생각합니까?
- 최근에 감명 깊게 읽은 책은 무엇입니까?
- 그 책에 대해 영어로 말해 보십시오.

2) 승무원 면접기출문제

- 당사의 서비스를 이용하신 경험이 있습니까? 그 서비스를 평가한다면 어떻습니까?
- 당신이 희망하는 직종을 말해 보십시오.
- 결혼 후 직장은 어떻게 하시겠습니까?
- 자신에게 있어 가장 소중한 것은 무엇입니까?
- 당사에 지망하기 위해서 대학시절 동안 어떻게 준비해 오셨나요?
- 당신은 전통찻집과 화려한 커피숍 중 어떤 스타일입니까?
- 당신이 지금 면접관이라면 어떤 질문을 하시겠습니까?
- 자기소개를 해 보십시오.

- (이름이 특이한 경우) 누가 지어 준 이름입니까?
- 고향이 어디입니까?
- 자신의 전공에 대하여 어떻게 생각합니까?
- 집안 식구들과의 요즘 대화주제는 무엇입니까?
- 부모님 중 누구와 대화를 많이 합니까?
- 생활신조는 무엇입니까?
- 졸업 후의 계획은 무엇이었습니까?
- 신체 중에 가장 자신 있는 부분과 자신 없는 부분은 어디입니까?
- 취미는 무엇입니까?
- 특기는 무엇입니까?
- 가장 기억에 남는 여행은 무엇이었습니까?
- 특별하게 소개하고 싶은 여행지가 있습니까?
- 가장 가보고 싶은 나라는 어디입니까? 그 이유는 무엇입니까?
- 좋아하는 스포츠가 있습니까?
- 좋아하는 운동선수는 누구입니까?
- 여가를 어떻게 보내십니까?
- 여성의 흡연에 대해 어떻게 생각합니까?
- 자신의 성장과정에 지대한 영향을 끼친 사람은 누구입니까?
- 최근에 읽은 책 중에서 가장 인상에 남는 것이 있다면 무엇입니까?
- 다른 사람과 비교해서 자신이 낫다고 생각하는 점은 무엇입니까?
- 자신의 장·단점에 대해 말해 보십시오.
- 매력적으로 느끼는 인간상은 무엇입니까?
- 목숨을 바칠 정도로 소중한 친구가 있습니까?
- 대학생활 중 가장 아쉬웠던 점은 무엇입니까?
- 대학생활 중 가장 중점을 두었던 부분은 무엇입니까?
- 학교성적에 대해 만족합니까?

- 좋아했던 과목은 무엇이었습니까?
- 학생운동에 대해 어떤 생각을 갖고 있습니까?
- 무엇이 최고의 행복이라고 생각합니까?
- 항공산업은 어떻게 발전해야 한다고 생각합니까?
- 좋은 서비스란 무엇입니까?
- 좋아하는 연예인이 탑승했다면 어떻게 행동하시겠습니까?
- 가능한 제2외국어는 무엇입니까?
- 남편이 정치를 하겠다면 어떻게 하겠습니까?
- 스튜어디스가 지녀야 할 덕목은 무엇이라고 생각하십니까?
- 여자로 태어난 것에 대해 후회한 적이 있습니까?
- 애인에게 가장 받고 싶은 선물은 무엇입니까?
- 남자친구가 이 직업을 선택하는 것에 대해 반대한다면 어떻게 하시겠습니까?
- 비행기를 처음 타보았을 때 느낌은 어땠습니까?
- 공항에서 가장 불편하게 느낀 점은 무엇입니까?
- 거액의 돈이 갑자기 생긴다면 어떻게 하시겠습니까?
- 한 달에 미용실은 몇 번 정도 이용합니까?
- 30대에 꼭 하고 싶은 일은 무엇입니까?
- 승객이 한 명도 없는 비행을 한다면 어떻게 하시겠습니까?
- Please tell me about yourself.
- Do you get along well with people?
- What is the principle of your life?
- What do you think of woman's smoking?
- What are you going to do if a child disturbs other passengers?
- Have you had any part time job?
- What was the most impressive thing in your life so far?
- If you are employed, how long are you going to work for us?

- Are you conservative or liberal?
- Why do you want to work for us instead of two korean airlines?
- What would you say about your strong and weak points?
- How do you keep yourself healthy?
- If a passenger feels airsickness, what should you do?
- Do you have any hobbies?
- Since when did you want to become a flight attendant?
- How do you feel today?
- Please tell me about love marriage and arranged marriage.
- What is your ambition as a member of a societ?
- What do you do on holidays?
- How well can you speak English?
- What would you do if a passenger asks you to take a ture taken with him?
- Tell me about the names of cocktails as much as you know.
- How many languages can you speak?
- What kind of activities at college?
- How do your parents feel about you becoming a flight attendant?
- What are you interested recently?
- What are the factors of you that are superior to others?
- Why do you want to be a flight attendant?
- What is your ideal image of a woman?

3) 임원면접 기출문제

- 이름과 수험번호와 간단한 자기소개(한국어질문과 영어질문 모두 있음)를 해 보세요.
- 아시아나교육원 오면서 느낀 점은 무엇입니까?

- (과가 특이할 경우) 전공이 무엇입니까?
- (아시아나 체험교실 경험자에 한해) 그것에 대한 질문과 지원하게 된
- 계기는 무엇입니까?
- 아침을 먹고 왔습니까?
- 최근에 읽은 아시아나 기사는 무엇입니까?
- (키가 큰 경우) 키에 관련된 에피소드 있습니까?
- (토익 고득점자) 토익점수가 높은데 어학연수 다녀왔습니까?
- 인생을 살아오면서 자신이 가장 중요하게 생각한 것은 무엇입니까(좌우명)?
- 경력사항이나 어학연수경험이 있습니까?
- 방학하고 지금까지 무엇을 했습니까?
- 아르바이트는 어떤 일을 해 보았습니까?
- (해외로 봉사활동을 다녀온 사람) 봉사활동에 대해 이야기해 보십시오.
- 졸업하고 나서 1년 정도 지났는데 그동안 무엇을 했습니까?
- 이름의 뜻이 무엇입니까?
- 학창시절 무엇을 했습니까?
- 동아리나 아르바이트 경험이 있으면 이야기해 보십시오.
- 살면서 가장 기억에 남는 힘들었던 일은 무엇입니까?
- 다른 곳에 지원한 곳이 있습니까?
- 한국인들이 고쳐야 할 점은 무엇이라고 생각하십니까?
- 웃긴 이야기나 자신의 재미있는 별명을 이야기해 보십시오.
- 외국인친구가 한국에 왔을 때 갈만한 곳을 말해 보십시오.
- 고향에서 유명한 것이 무엇입니까?

부록 2 **항공용어해설**

【A】

ADD 이미 예약된 사항에 추가하여 예약하는 것

Adult Fare 만 12세 이상 승객에게 적용되는 항공요금

Agency Commission 대리점이 판매한 관광자의 항공권이나 화물의 판매에 대하여 항공사에서 지불되는 소정의 수수료

Altitude 고도

Agent 항공권 판매대리점, 화물운송대리점

Accompanied Minor 동반된 어린이

Attendant 동반자

Available Seat-Kilometers 공급좌석킬로미터. 1좌석킬로미터란 한 좌석으로 1킬로미터 비행함을 뜻하는 것으로 공급좌석킬로미터는 각 비행구간에서 판매 가능한 좌석 수를 구간거리로 곱한 합계(ICAO, IATA).

Available Tonne-Kilometers 공급톤킬로미터. 1공급톤킬로미터란 1킬로미터 운송된 공급 유상 탑재량을 의미. 각 비행구간마다 공급 중량(여객, 화물, 우편)에 운항거리를 곱한 합계(ICAO, IATA).

Aircraft Departures, Movements 운항횟수. 착륙 횟수 또는 비행편수(ICAO, IATA). 공항에서 항공기 또는 헬리콥터의 착륙 또는 이륙횟수(ACI).

Aircraft Kilometers 운항킬로미터. 운항횟수에 운항거리를 곱한 합계(ICAO).

Aisle Side 통로편의 좌석(Aisle Seat)

Alternative Airport 교체공항

【B】

Baby Bassinet 기내용의 유아요람, 항공기 객실 앞의 벽면에 설치하여 사용하는 것.

Baggage 여행자가 관광할 때 소지한 짐으로써 Checked Baggage와 Unchecked Baggage가 있다.

Baggage Check 여행자의 수하물 운송을 위해 항공권의 일부로 발행된 부분을 말하며 항공회사가 여행자의 위탁화물 영수증으로 발행한 것.

Baggage Claim Tag 수하물 증표

Boarding Pass 탑승권

Block Time 출발지의 주기장을 출발하여 목적지인 주기장에 도착하기까지의 시간.

【C】

Cabin Crew 기내승무원

Call Button 승객들이 승무원을 호출하는 버튼

Captain 기장

Cargo, Freight 화물. 항공기로 운송되고 항공화물서류에 의해 처리되는 물품으로서 운송실적에서 운항편의 개별 운항구간마다 반복하여 계산하지 않고, 특정 운항편에서 한 번만 계산. 우편을 포함하지 않은 유상 화물(Revenue Freight) 사용(ICAO, IATA). 공항에 출발·도착하는 화물(Cargo = Freight + Mail). 화물(Freight)은 우편, 수하물을 제외한 것으로서 항공기에 의해 운송되는 모든 물품을 말하며, 우편(Mail)은 그 내용물에 관계없이 우편 서비스에 의해 전달되는 봉인행낭을 말함. 단 화물(Cargo)에서 수하물은 포함되지 않음(ACI).

Catering 항공기에 식품류를 조달 및 탑재하는 것.

Cockpit 조종실

Cockpit Crew 운항승무원, 항공기의 운항을 책임지고 있는 기장, 부조종사, 항법사로 구분된다.

Configuration 객실 내의 좌석배치를 말함.

Control Tower 비행장 관제탑

Cancellation Charge 예약된 좌석을 사용하지 아니한 것에 대하여 부가되는 요금.

Carrier 항공회사

Checked Baggage 여행자가 항공여행 시 붙이는 짐. 여행자가 항공기내에 들고 들어가는 것은 Hand Carry Baggage라고 한다.

Check-In 탑승수속. 관광객이 공항의 항공회사 카운터에서 항공권, 여권, VISA 및 위탁수화물에 대한 수속을 하고 좌석번호를 지정한 탑승권(Boarding Pass)을 받는 항공사의 카운터

Child Fare 만 2세 이상 12세 미만 여행자에게 적용되는 항공요금

C.I.Q Customs, Immigration, Quarantine(세관, 출입국 심사, 검역)의 약자로 출국, 또는 입국 시 공항에서 관할관서가 행사는 check의 대상항목이다.

Circle Trip 출발지와 도착지가 동일지점으로 항로가 중복되지 않고 돌아오는 일주 관광.

Connection Time 연결 항공편으로 갈아타는데 필요한 시간.

Charter Flight 대절 항공기, 전세 항공기

Cabin Service 기내에서의 각종 Service

Checked Baggage 수하물

Connection Time Interval 최소 연결 필요시간(Minimum Connecting Time)은 각 공항마다 다르므로 관광일정 작성 시 유의하여야 한다.

Confirmation 예약의 확인

【D】

Destination 최종목적지

Domestic 국내선. 국내 구간만을 운항하는 노선(ICAO). 동일 국가 내 지점 사이의 상업운항 노선(IATA). 동일 국가의 영토 내에 위치한 공항들 사이에 운항되는 운송 노선(ACI)을 말한다.

Double Booking 중복 예약

Down Grade 등급의 변경, 상위에서 하위등급으로 변경하는 것.

DSR Daily Sales Report로써 항공권 판매에 관한 일일판매보고서

Duplicate Reservation 동일의 여행자가 동일 노선에 1회의 여행에 대하여 두 번

이상으로 중복하여 예약하는 것.

Deplane Point 항공기에서 내리는 지점(공항)

Direct Transit Passengers 통과여객. 같은 편명의 운항편으로 해당 공항에 도착하고 출발하는 여객으로서 한 번만 산정됨(ACI).

Divert 항공기가 기상 및 제반 여건에 의해 예정 공항에 착륙하지 못하고 인근의 다른 공항에 착륙하는 것.

Divide 여러 명의 여행자가 예약되어 있는 경우 그 가운데 한 명 또는 다수를 분리해 내는 것.

Deportee 추방자

Deposit 예치금

Direct Flight 직행편

【E】

Economy Class(E/Y) 일반석

Economy Fare Economy Class 요금

Embarkation / Disembarkation Card 출입국 기록카드

Endorsement 항공회사 간에 항공권의 권리를 양도하기 위한 것으로써 항공권의 지정된 탑승구간을 다른 항공사로 옮기는 것.

Estimated Time of Arrival(EAT) 예정 도착시간

Estimated Time of Departure(ETD) 예정 출발시간

Excess Baggage 무료 수하물 허용량을 초과한 수하물로서 일정금액을 지불하여야 한다.

Excess Baggage Charge 초과 수하물 운송을 위한 요금

【F】

Fare 운임

First Class 일등실

Flag Carrier(National Carrier) 일국을 대표하는 항공회사 대한항공은 한국의

Flag Carrier라 할 수 있다.

Flight Coupon 항공권의 일부로서 관광자가 탑승하는 구간을 표시하는 것이며 탑승수속 시 공항에서 탑승권과 교환한다.

Freight(Mail) Tonne-Kilometers 화물(우편)톤킬로미터. 1화물(또는 우편)톤킬로미터란 1,000kg의 화물(또는 우편물)의 1킬로미터 운송을 의미하는 것으로 화물톤킬로미터는 각 운항구간의 운송화물, 속달화물 및 외교행낭의 톤수를 구간거리로 곱해서 얻는 수치들의 합계임(ICAO, IATA).

Free Baggage Allowance 무료 수하물, 즉 지불을 받지 않고 운송되는 일정량의 수하물, 일반적으로 F/C요금 지불 여행자는 30kg, E/Y요금 지불 여행자는 20kg, 태평양 노선은 2개의 짐을 무료로 운송할 수 있다.

Forced Landing 비상착륙, 기체구조상의 고장, 악천후, 연료결여 등의 원인 때문에 계속 비행이 허락치 않았을 때에 행하는 불시착을 말함.

Flight Rules 비행규정

【G】

Galley 항공기내의 주방

Gateway(Gateway City) 어느 지역에의 문호로 되어 있는 도시, 미국 해안의 문호도시는 Seattle, San Francisco, Portland 및 Los Angles 등

Go Show Passenger(Stand By) 만석, 혹은 요금상의 제한 등에 의하여 예약할 수 없는 여행자가 만약 좌석이 생기면 탑승하려고 공항까지 와서 탑승을 기다리는 것.

General Sales Agent(GSA) 총 판매대리점

Government Transportation Request(GTR) 정부가 정부기관관련 직원의 공용여행시 발행하는 항공권 요청서

【H】

Home Port Flight 거주지로의 비행

Hours Flown 비행시간. 구간을 기초로 계산된 비행시간(IATA).

Hand Carry Baggage 기내에 가지고 들어갈 수 있는 수하물, 부피와 수량에 제한이

있다.

Hanger 항공기의 격납고 또는 기내의 양복걸이 캐비닛

【Ｉ】

IATA International Air Transport Association의 약어로서 1945년 4월에 아바나에서 결성되었다.

ICAO International Civil Aviation Organization 의 약어로 국제 민간항공협정에 의하여 1947년 설립된 국제민간항공기구. 본부의 소재지는 캐나다의 몬트리올, 가맹국은 141개국이며, 한국은 1952년 12월 11일 가입하였다.

Immigration 법무부 출입국심사

Inaugural Flight 신 노선개설 또는 신기종 도입 때 판로의 목적으로 초청객을 탑승하여 비행하는 항공편.

Infant Fare 유아요금. 국제선에서는 2세 미만으로서 좌석을 확보하지 않을 때에는 보통요금의 10%, 확보할 때에는 어린이 요금(Child Fare)을 지불하여야 한다. 국내선에서는 만 3세 미만은 무료이다.

International 국제선. 하나 또는 그 이상의 국제 운항구간을 포함하는 운항 노선 (ICAO). 한 국가에서 다른 국가로의 상업운항 노선(IATA). 한 공항과 다른 국가나 영토에 위치한 공항 사이에서 수행되는 운송 노선(ACI)을 말한다.

Itinerary Change 여행일정의 변경

Inbound(Incoming) 들어오는 여행

Inflight Movie 기내용 영화

Interpreter 통역 승무원

【Ｌ】

Landing Gear 착륙장치

Late Cancellation 항공회사가 정한 출발전 일정시간 이후의 예약 취소

Late Show Passenger 탑승수속(Check-In) 마감 후에 탑승수속 Counter에 나타나는 관광자.

Load Factor 여행자 또는 화물의 탑재 가능량에 대하여 실제로 탑재한 여행자 또는 화물의 탑승률 또는 탑재율을 말함.

Local Time 현지시간

【M】

Maintenance 정비

MAS 공항에서의 Meet and Assistance Service, VIP 또는 특별취급이 필요한 여행자에 대한 서비스

Miscellaneous Charge Order(MCO) 항공사나 대리점이 발행한 MCO에 기재된 사람에게 적절한 Ticket발급이나 Service의 제공을 요청하는 서류이다. 요금이나 초과 수하물 운임의 지불 혹은 차액 등의 완불을 위한 지불수단으로서 이용되고 있다.

Minimum Connection Time 항공기의 접속 탑승시 소요되는 최소시간이 각 공항마다 일정하지 않다. 최소 연결편 탑승시간

Mis-Connection 바꾸어 탑승할 때 접속지점까지 수송하는 항공편이 지연되거나 결항하여 탑승하지 못하는 것을 말함.

【N】

Non Revenue Passenger 무임탑승 여행자. 무료로 여행할 수 있도록 계약된 사람들로서 대부분이 항공사 직원들이다.

Non-Schedule 부정기 운송. 부정기적으로 이루어지는 유상 비행(ICAO, IATA).

No Record(NOREC) 여행자가 탑승 수속 시 예약된 Ticket을 제시했으나 항공사쪽에는 예약을 받은 기록이나 좌석을 확인해준 근거가 없는 상태를 말함.

Normal Fare 정상 요금

No Show(NOSHO) Mis-Connection 이외의 이유로서, 여행자가 예약 취소를 하지 않은 채로 예약편에 탑승하지 않는 것.

No Subject To Load(NOSUB) 무상 혹은 할인요금을 지불하나 여행자가 일반 유료여행자와 같이 좌석 예약을 할 수 있도록 하는 것

【O】

Out Port Flight 거주지에서 다른 목적지로의 비행

On-Line / Off-Line On-Line은 항공사가 정기 운행되고 있는 노선을, Off-Line은 반대로 항공기가 정기적으로 운항되고 있지 않은 노선을 말한다.

Open Ticket 예약이 되어 있지 않은 항공권을 말함.

Over Booking 어떤 비행편에 판매 가능한 좌석 수보다 많은 여행자의 예약을 접수한 상태.

Over Riding Commission 통상의 대리점 수수료에 가산하여 지불되는 추가 수수료.

Outbound 자국을 기준으로 출국하는 여행.

Over-Weight Baggage 초과 수화물

Over Collection 초과 징수금

Operation 운항

【P】

Passenger(PAX) 항공 승객

Passenger 여객 수. 항공운송실적에서 여객 수는 각 운항의 개별 구간의 여객을 한 번 계산한 수이고 그 운항의 개별 구간에 대해 반복 계산하지 않음. 유상 여객 수(Revenue Passengers)를 사용(ICAO, IATA)정기 또는 부정기 상업용 항공기 또는 헬리콥터로 출발 또는 도착하는 유·무상 여객 수(ACI).

Passenger Coupon 국제선 항공권의 최종 Page의 쿠폰, 승객 쿠폰

Passenger Service Coupon 통과 승객들에게 공항에서 식사나 음료 등을 제공하기 위한 쿠폰.

Passenger Tonne-Kilometers 여객톤킬로미터. 여객킬로미터에 여객당 평균 중량을 곱한 합계임. 여객을 중량으로 변환시키기 위하여, 무료 및 초과 수하물을 포함하는 1인당 중량을 참작한 수치인 90kg을 여객 수에 곱함. 그렇지만 보고상에서는 이 변환 방식은 운송사업자의 재량에 맡길 수 있고, 변환 요소도 90kg과 다른 수치가 사용될 수 있음(ICAO).

Passenger Load Factor 탑승률. 공급좌석킬로미터에 대한 여객킬로미터의 비율

(ICAO, IATA).

Passenger Kilometers 운항구간의 여객 수에 운항거리를 곱한 합계. 유상여객킬로미터(Revenue Passenger Kilometers)를 사용(ICAO, IATA).

Prepaid Ticket Advice(PTA) 항공요금의 선불제도로서 요금 지불인이 멀리 떨어져있는 여행자를 위하여 요금을 불입하고 실제로 탑승할 승객이 있는 곳에서 발권하여 탑승여행자에게 항공권을 전해주도록 통지하는 것.

Published Fare 항공회사의 여행 요금표에 공시되어 있는 공표요금을 말함.

【Q】

Quarantine 검역

【R】

Ramp 항공기 계류장

Reconfirmation 좌석예약의 재확인.

Reissue 항공권의 재발행.

Refueling 연료 재급유

Refund Ticket의 미상용 분에 대한 금액을 구매자에게 환불해 주는 것.

Rerouting 항공권에 기재된 탑승예정의 경로를 변경하는 것.

Reservation 좌석예약

Round Trip 왕복관광

Runway 활주로

【S】

Schedule 정기 운송. 사전에 공시된 운항 시간표에 따라 계획대로 정기적, 연속적으로 이루어지는 유상 비행, 초과 운송량을 운송하기 위한 임시 유상 비행과 새로이 계획된 항공서비스를 제공하기 위한 예비 유상 비행을 포함(ICAO, IATA)한다.

Special Fare 특별요금

Stand By 여분의 좌석이 발생했을 때 좌석을 배정받게 되는 승객을 의미한다.

Stopover 도중체류 승객이 항공회사와의 사전 예약 하에 출발지와 목적지의 중간 기착지에서 체류하는 것.

SUBLO(Subject To Load) 사전의 예약이 인정되지 않고 여석이 있을 때 탑승할 수 있는 제도. 무상 혹은 할인요금으로 탑승하는 승객 또는 항공사 직원 등이 적용됨.

Special Meal 유아 등 특별음식을 요구하는 승객을 위한 식사.

【 T 】

Tail Wind 뒤에서 불어오는 바람

Take Off 비행장에서 출발하여 비행을 개시하는 동작, 이륙.

Taxiway 유도로. 공항에 있어서 Apron에서 활주로에로 항공기가 이동하기 위하여 사용하는 통로를 말함.

Tonne-Kilometers 톤킬로미터. 각 비행구간의 유료 운송톤수에 해당 구간의 비행거리를 곱한 합계. 여객(Passenger), 화물(Flight), 우편(Mail)로 구분하여 계산(ICAO, IATA).

Transit Passenger 타국에로의 통과목적만으로 입국하는 통과 관광자.

Transit Without Visa(TWOV) 무사증 단기 체류의 준말이며 관광자가 규정된 조건 하에서 입국사증 없이 어느 나라에 입국하여 짧은 기간 동안 체류할 수 있는 편의를 말한다.

【 U 】

Unaccompanied Minor(U/M) 통상 UM이라 하며 3개월 이상 12세 미만의 유아나 어린이로 성인 보호자가 동반치 않고 단독여행을 하는 경우

【 K 】

Kilometers Flown 운항거리. 유상 운항의 비행거리(IATA).

【 W 】

Weight Load Factors 이용률. 공급톤킬로미터에 대한 톤킬로미터의 비율(ICAO, IATA).

APPENDIX
부록 3 항공사 코드

1. 항공사 코드 airline code

AC	Air Canada *	에어 캐나다 tel 744-0898~9	IZ	Akia Israeli Airlines	아키아 이스라엘 항공 tel 779-5710
AE	Mandarin Airlines *	화신항공 tel 746-1513~4	JL	Japan Airlines *	일본항공 tel 744-3601~3
AF	Air France *	에어프랑스 tel 744-7900	KA	Dragon Air	드래곤 에어 tel 311-2800
AI	Air India *	인도항공 tel 43-0321	KC	Air Astana *	아스타나항공 tel 743-2620
AM	Aeromexico	아에로 멕시코 tel 753-8271	KE	Korean Air *	대한항공 tel 742-7654
AN	Ansett Australia	안셋항공	KU	Kuwait Airway	쿠웨이트 항공 tel 755-1523
AQ	Aloha Airlines	알로하 항공 tel 754-7321	LA	LAN Airlines	란 항공 tel 775-1500
AR	Aerolinas Argentinas	아르헨티나항공 tel 732-8877	LD	Air HongKong *	에어홍콩 tel 744-6766
AS	Alaska Airlines	알래스카 항공 tel 734-7100	LH	Lufthansa *	루프트한자항공 tel 070-8686-2560
AY	Finnair *	핀 에어 tel 743-5698	LO	Lot Polish Airlines	LOT 폴란드 항공 tel 778-8430
BA	British Airways *	브리티시에어웨이 tel 774-5511	LY	El Al-Israel	이스라엘 항공 tel 779-5710
BD	British Midland	브리티시 미들랜드 tel 776-6175	MD	Air Madagascar	마다가스카르항공 tel 757-5393
BR	Eva Air *	에바항공 tel 744-3512	MF	Xiamen Airlines *	샤먼항공 tel 3455-1662

CA	Air China*	에어차이나 tel 744-3255~8	MH	Malaysia Airlines*	말레이시아항공 tel 744-3501
CI	China Airlines*	중화항공 tel 743-1513~4	MK	Air Mauritius	모리셔스 항공 tel 753-8271
CX	Cathay Pacific Airways*	캐세이패시픽항공 tel 3112-787	MM	Peach Aviation*	피치항공 tel 743-5702
CZ	China Southern Airlines*	중국남방항공 tel 3455-1600	MS	Egypt Air	이집트항공 tel 319-4555
DL	Delta Airlines*	델타항공 tel 744-73772~3	MX	Mexicana Airlines	멕시코항공 tel 754-6336
EK	Emirates*	에미레이트항공 tel 743-8101	MZ	Merpati Airlines	메르파티항공 tel 736-4461
ET	Ethiopian Airlines	에티오피아 항공 tel 776-6175	NH	All Nippon Airways*	전일본공수 tel 744-3200
EY	Etihad Airways*	에티하드 항공 tel 743-6399	NQ	Air Japan*	에어 재팬
FJ	Air Pacific(FIJI)	퍼시픽항공 tel 777-6871	NX	Air Macau*	에어마카오 tel 743-8999
FM	Shanghai Airlines*	상하이항공 tel 518-0330	NZ	Air New Zealand	에어뉴질랜드 tel 752-4801
GA	Garuda Indonesia*	가루다인도네시아항공 tel 744-1990	N7	National Airlines	내셔널 항공 tel 317-8888
GF	Gulf Air	걸프항공 tel 560-7016	OA	Olympic Airways	올림픽 항공 tel 753-8271
HA	Hawaiian Airlines*	하와이안항공 tel 743-7481	OK	Czech Airlines	체코항공 tel 779-1171
HY	Uzbekistan Airways*	우즈베키스탄 항공 tel 744-3700	OM	MIAT Monglian Airlines*	몽골항공 tel 744-6800
IB	Iberia Airlines	이베리아 항공	OX	Orient Thai Airlines*	오리엔트타이항공 tel 743-6399
IR	Iran Air	이란항공 tel 319-4555	OZ	Asiana Airlines*	아시아나항공 tel 744-8101
PR	Philippines Airlines*	필리핀항공 tel 744-3720	PK	Pakistan International Airlines	파키스탄국제항공 tel 734-7100
PX	Air Niugini	뉴기니항공 tel 734-7100	TK	Turkish Airliens*	터키항공 tel 744-3737
QF	Qantas Airways*	콴타스항공 tel 744-3283	TP	TAP Air Portugal	탑포르투갈 항공 tel 773-0880

QR	Qatar Airways *	카타르항공 tel 744-3370	UA	United Airlines *	유나이티드항공
QV	Lao Airlines	라오스항공 tel 757-5393	UB	Myanmar Airways	미얀마항공 tel 778-9082
RA	Royal Nepal Airlines	네팔항공 tel 756-2161	UL	Srilankan Airlines	스리랑카항공 tel 318-3721
RG	Brazilian Airlines	바리그항공 tel 755-4305	UO	Hong Kong Express Airways *	홍콩익스트레스항공
RJ	Royal Jordanian	로얄요르단항공 tel 753-8271	US	US Airways	US항공 tel 776-6175
SA	South African Airways	사우스아프리카항공 tel 775-4697	VJ	Royal Air Cambodge Cambodia	로얄에어캄보디아 tel 774-7720
SB	Aircalin *	에어칼린 tel 743-5396	VN	Vietnam Airlines *	베트남항공 tel 744-6565
SC	Shandong Airlines *	산동항공 tel 02-775-2691	XF	Vladivostok Air *	블라디보스톡항공 tel 743-2920
SK	Scandinavian Airlines	스칸디나비아항공 tel 752-5121	ZH	Shenzhen Airlines *	심천항공 tel 744-3255
SQ	Singapore Airlines *	싱가포르항공 tel 744-6500~2	2P	Air Philippines	에어필리핀 tel 756-0009
SR	Swiss Air	스위스항공 tel 757-8901	5J	Cebu Pacific Air *	세부퍼시픽항공 tel 743-5705
SU	Aeroflot-Russian Airlines *	아에로플로트 tel 744-8672	5M	Mega Global Air *	메가몰디브항공 tel 7544-3517
TG	Thai Airways *	타이항공 tel 744-3571	9W	Jet Airways	제트 에어웨이 tel 752-0544

주) * : 취항 항공사

2. 국가 코드 country code

Code	Country	Code	Country	Code	Country	Code	Country
A		F		LK	Sri Lanka	RU	Russia
AD	Andorra	FI	Finland	LR	Liberia	RW	Rwanda
AE	United Arab Emirates	FJ	Fiji	LU	Luxembourg	S	
AF	Afghanistan	FM	Micronesia	LY	Libya	SA	Saudi Arabia
AI	Albania	FR	France	M		SB	Solomon Islands
AN	Netherlands Antilles	G		MA	Morocco	SD	Sudan
AO	Angola	GA	Gabon	MC	Monaco	SE	Sweden
AR	Argentina	GB	United Kingdom	MD	Moldova	SG	Singapore
AT	Austria	GE	Georgia	MH	Marshall Islands	SK	Slovakia
AU	Australia	GH	Ghana	MK	Macedonia	SO	Somalia
B		GI	Gibraltar	MM	Myanmar	SV	El Salvador
BD	Bangladesh	GM	Gambia	MN	Mongolia	SY	Syria
BE	Belgium	GN	Guinea	MT	Malta	SZ	Swaziland
BG	Bulgaria	GR	Greece	MV	Maldives	T	
BH	Bahrain	GU	Guam	MW	Malawi	TH	Thailand
BI	Burundi	H		MX	Mexico	TN	Tunisia
BM	Bermuda	HK	HongKong	MY	Malaysia	TO	Tonga
BO	Bolivia	HN	Honduras	MZ	Mozambique	TR	Turkey
BR	Brazil	HR	Croatia	N		TW	Taiwan
BS	Bahamas	HT	Haiti	NA	Namibia	TZ	Tanzania
BT	Bhutan	HU	Hungary	NE	Niger	U	
C		I		NG	Nigeria	UA	Ukraine
CA	Canada	ID	Indonesia	NL	Netherlands	UG	Uganda
CD	Congo, Democratic Republic	IL	Israel	NO	Norway	US	United States
CF	Central African Republic	IN	India	NP	Nepal	UY	Uruguay
CH	Switzerland	IR	Iran	NZ	New Zealand	UZ	Uzbekistan
CN	China	IS	Iceland	O		V	
CO	Colombia	IT	Italy	OM	Oman	VE	Venezuela
CR	Costa Rica	J		P		VG	British Virgin Islands
CU	Cuba	JM	Jamaica	PA	Panama	VI	U.S Virgin Islands
CY	Cyprus	JO	Jordan	PE	Peru	VN	Vietnam
D		JP	Japan	PF	French Polynesia	W	
DE	Germany	K		PG	Papua New Guinea	WS	Samoa
DK	Denmark	KE	Kenya	PH	Philippines	Y	
DM	Dominica	KH	Cambodia	PK	Pakistan	YE	Yemen
DO	Dominican Republic	KP	Korea(North)	PL	Poland	YU	Yugoslavia
DZ	Algeria	KR	Korea(South)	PR	Puerto Rico	Z	
E		KW	Kuwait	PT	Portugal	ZA	South Africa
EC	Ecuador	KZ	Kazakstan	Q		ZM	Zambia
EG	Egypt	L		QA	Qatar	ZW	Zimbabwe
ES	Spain	LA	Laos	R			
ET	Ethiopia	LI	Liechtenstein	RO	Romania		

3. 도시코드 city code

【A】

ACA	Acapulco	Mexico
ADD	Addis	AbabaEthiopia
AGA	Agadir	Morocco
AGP	Malaga	Spain
AKL	Auckland, Int'	lNew Zealand
ALA	Almaty	Kazakstan
ALG	Algiers	Algeria
AMM	Amman, Queen Alia Int'l	Jordan
AMS	Amsterdam	Netherlands
ANC	Anchorage, Int'l	Alaska USA
ANK	Ankara	Turkey
ANR	Antwerp	Belgium
ARN	Stockholm, Arlanda	Sweden
ASU	Asuncion	Paraguay
ATH	Athens, Eleftherios Venizelos Int'l	Greece
ATL	Atlanta, Hartsfield Atlanta Int'l	Georgia USA
AUH	Abu Dhabi, Int'l	United Arab Emirates
AUS	Austin, Bergstrom Int'l	Texas USA

【B】

BAH	Bahrain	Bahrain
BCN	Barcelona	Spain
BDA	Bermuda	Bermuda
BDL	Hartford, Bradley Int'l	Connecticut USA
BER	Berlin	Germany

BFS	Belfast, Int'l	UK
BGO	Bergen	Norway
BHX	Birmingham	UK
BIO	Bilbao	Spain
BJL	Banjul	Gambia
BJM	Bujumbura	Burundi
BJS	Beijing	China
BKK	Bangkok	Thailand
BLL	Billund	Denmark
BNE	Brisbane Queensland	Australia
BOD	Bordeaux	France
BOG	Bogota	Colombia
BOM	Mumbai	India
BOS	Boston, Logan Int'l Massachusetts	USA
BRE	Bremen	Germany
BRN	Berne, Belp	Switzerland
BRS	Bristol	UK
BRU	Brussels Belp	Switzerland
BSB	Brasilia	Brazil
BSL	Basle	Swizerland
BUD	Budapest	Hungary
BUE	Buenos Aires	Argentina
BWI	Baltimore, Baltimore / Washington Int'l	Maryland USA

【C】

CAI	Cairo	Egypt
CAS	Casablanca	Morocco
CBR	Canberra Australion Captial Territory	Australia

CCS	Caracas	Venezuela
CCU	Kolkata	India
CDG	Paris, Charles de Gaulle	France
CEB	Cebu	Philippine
CGK	Jakarta, Soekarno-Hatta	Indonesia
CHI	Chicago	Illinois USA
CLE	Celveland, Hopkins Int'l	Ohio USA
CLT	Charlotte North	Carolina USA
CMB	Colombo	Sri Lanka
CMH	Columbus, Port Columbus Int'l	Ohio USA
CMN	Casablanca, Mohammed	Morocco
CNS	Cairns Queensland	Australia
CNX	Chiang Mai	Thailand
CPH	Copenhagen	Denmark
CPT	Cape Town	South Africa
CTS	Sapporo, New Chitose	Japan
CVG	Cincinnati, Northem Kentucky Int'l	Ohio USA

【 D 】

DAC	Dhaka	Bangladesh
DAM	Darmascus	Syria
DBV	Dubrovnik	Croatia
DCA	Washington, Ronald Reagon National	District of Columbia USA
DCF	Dominica, Cane Field	Dominica
DEL	Delhi	India
DEN	Denver, Int'l	Colorado USA
DFW	Dalls / Fort Worth, Int'l	Texas USA
DOH	Doha	Qatar

DOM	Donimica, Cane Field	Dominica
DPS	Denpasar-Bali	Indonesia
DTM	Dortmund	Germany
DTT	Detroit Michigan	USA
DTW	Detroit, Wayne Country	Michigan USA
DUB	Dublin	Ireland Rep
DUR	Durban	South Africa
DUS	Dusseldorf, Int'l	Germany
DXB	Dubai United Arab	Emirates

【E】

EBB	Entebbe	Uganda
EDI	Edinburgh	UK
EMA	Nottingham, East Midlands	UK
ESB	Ankara, Esenboga	Turkey
EWR	New York Newark Int'l New Jersey	USA
EZE	Buenos Aires, Ministro Pistarini	Argentina

【F】

FBU	Oslo, Fornebu	Norway
FCO	Rome, Leonardo da Vinci(Fiumicino)	Italy
FDF	Fort de France	Martinique
FIH	Kinshasa, Congo	Democratic Republic
FLL	Fort Lauderdale, Hollywood Int'l	Florida USA
FLR	Florence	Italy
FNJ	Pyongyang	Korea(North)
FRA	Frankfurt	Germany
FUK	Fukuoka	Japan

【G】

GCI	Guernsey	UK
GDL	Guadalajara	Mexico
GIB	Gibraltar	Gibraltar
GIG	Rio de Janeiro, Int'l / Galeao-Antonio Carlos Jobim	Brazil
GLAG	lasgow, Int'l	UK
GMP	Seoul, Gimpo Int'l	Korea(South)
GRU	Sao Paulo, Guarulhos Int'l	Brazil
GRZ	Graz	Austria
GUA	Guatemala City	Guatemala
GUM	Guam	Guam
GVA	Geneva	Switzerland

【H】

HAJ	Hanover	Germany
HAM	Hamburg	Germany
HAV	Havana	Cuba
HEL	Helsinki	Finland
HFD	Hartford	USA
HKG	HongKong	HongKong
HKT	Phuket	Thailand
HNL	Honolulu	Hawaii USA
HOU	Houston	Texas USA

【I】

IAD	Washington, Dulles	USA
lAH	Houston, George Bush Intercontinental	Texas USA
ICN	Seoul, Incheon Int'l	Korea(South)

IST	Istanbul	Turkey
ITM	Osaka, Itami	Japan

【J】

JED	Jeddah Saudi	Arabia
JER	Jersey	UK
JFK	New York, John F.Kennedy	New York USA
JKT	Jakarta	Indonesia
JNB	Johannesburg, Int'l	South Africa

【K】

KHI	Karachi	Pakistan
KIN	Kingston, Norman Manley	Jamaica
KIX	Osaka, Kansai Int'l	Japan
KOJ	Kagoshima	Japan
KTM	Kathmandu	Nepal
KUL	Kuala Lumpur, Int'l	Malaysia
KWI	Kuwait	Kuwait

【L】

LAS	Las Vegas, McCarran	Nevada USA
LAX	Los Angeles, Int'l	California USA
LBV	Libreville	Gabon
LCA	Larnaca	Cyprus
LCY	London, London City	UK
LED	St. Petersburg Pulkovo	Russia
LGA	New York, La guardia	New York USA
LGW	London, Gatwick	UK

LHR	London, Heathrow	UK
LIM	Lima	Peru
LIN	Milan, Linate	Italy
LIS	Lisbon	Portugal
LLW	Lilongwe	Malawi
LON	London	UK
LOS	Lagos	Nigeria
LPB	La Paz	Bolivia
LPL	Liverpool	UK
LTN	London, Luton	UK
LUN	Lusaka	Zambia
LUX	Luxembourg	Luxembourg
LXR	Luxor	Egypt
LYS	Lyon	France

【 M 】

MAA	Chennai	India
MAD	Madrid, Barajas	Spain
MAJ	Majuro Marshall	Islands
MAN	Manchester	UK
MBA	Mombasa	Kenya
MCI	Kansas City, Int'l	Missouri USA
MCM	Monte Carlo	Monaco
MCO	Orlando, Int'l	Florida USA
MDW	Chicago, Midway	Illinois USA
MEL	Melbourne Victoria	Australia
MEX	Mexico City, Int'l	Mexico
MFM	Macau	Macau

MIA	Miami, int'l	Florida USA
MIL	Milan	Italy
MKC	Kansas City	Missouri USA
MLA	Malta	Malta
MNL	Manila, Ninoy Aquino Int'l	Philippines
MOW	Moscow	Russia
MPM	Maputo	Mozambique
MRS	Marseille	France
MSP	Minneapolis / St. Paul, Int'l	Minnesota USA
MSY	New Orleans, Int'l	Louisiana USA
MUC	Munich, Int'l Munchen	Germany
MXP	Milan, Malpensa	Italy

【N】

NAN	Nadi	Fiji
NBO	Nairobi, Jomo Kenyatta Int'l	Kenya
NCE	Nice	France
NCL	Newcastle	UK
NGO	Nagoya	Japan
NQT	Nottingham	UK
NRT	Tokyo, New Tokyo Int'l(Narita)	Japan
NTE	Nantes	France
NUE	Nuremberg	Germany
NWI	Norwich	UK
NYC	New YorkNew	York USA

【O】

ORD	Chicago, O'Hare Int'l	USA

ORL	Orlando	Florida USA
ORY	Paris, Orly	France
OSA	Osaka	Japan
OSL	Oslo	Norway

【P】

PAR	Paris	France
PDX	Portland	Oregon USA
PEK	Beijing, Capital	China
PEN	Penang	Malaysia
PFO	Paphos	Cyprus
PHL	Philadelphia, Int'l	Pennsylvania USA
PHX	Phoenix, Sky Harbor Int'l	Arizona USA
PIT	Pittsburgh, Int'l	Pennsylvania USA
PLH	Plymouth	UK
PNH	Phnom Penh	Cambodia
PNI	Pohnpei	Micronesia
POM	Port Moresby Papua	New Guinea
PTY	Panama City, Tocumen Int'l	Panama

【R】

RIO	Rio de Janeiro	Brazil
ROM	Rome	Italy
RTM	Rotterdam	Netherlands
RUH	Riyadh	Saudi Arabia

【S】

SAH	Sana's	Yemen

SAL	San Salvador	El Salvador
SAN	San Diego, Int'l	California USA
SAO	Sao Paulo	Brazil
SCL	Santiago, Arturo Merino Benitez	Chille
SEA	Seattles, Seattle-Tacoma Int'l	Washington US
SEL	Seoul	Korea(South)
SFO	San Francisco, Int'l	California USA
SHA	Shanghai	China
SHJ	Sharjah United	Arab Emirates
SIN	Singapore, Changi	Singapore
SJC	San Jose, Int'l	California USA
SOF	Sofia	Bulgaria
SOU	Southampton	UK
SPK	Sapporo	Japan
STL	St. Louis Lambert-St, Louis Int'l	Missouri USA
STN	London, Stansted	UK
STO	Stockholm	Sweden
STR	Stuttgart, Echterdingen	Germany
SVG	Stavanger	Norway
SVO	Moscow, Sheremetyevo Int'l	Russia
SXF	Berlin, Schonefeld	Germany
SYD	Sydney,(Kingsford Smith)	Australia
SZB	Kuala Lumpur, Sultan Abdul Aziz Shah	Malaysia

【T】

TAS	Tashkent	Uzbekistan
TBU	Tongatapu	Tonga
TCI	Tenerife	Spain

THF	Berlin, Tempelhof	Germany
THR	Tehran	Iran
TIAT	irana	Albania
TIP	Tripoli	Libya
TKU	Turku	Finland
TLV	Tel Aviv, Ben Gurion Int'l	Israel
TPA	Tampa, Int'l	Florida USA
TPE	Taipei, Chiang Kai Shek Int'l	Taiwan
TXL	Berlin, Tegel	Germany
TYO	Tokyo	Japan

【U】

UIO	Quito	Ecuador
ULN	Ulanbaatar	Mongolia

【V】

VCE	Venice, Marco Polo	Italy
VIE	Vienna	Austria
VLC	Valencia	Spain

【W】

WAS	Washington District of Columbia	USA
WLG	Wellington	New Zealand

【Y】

YEA	Edmonton Alberta	Canada
YEG	Edmonton, Int'l Alberta	Canada
YMQ	Montreal Quebec	Canada

YMX	Montreal, Int'l-Mirabel Quebec	Canada
YOW	Ottawa, Int'l Ontario	Canada
YTO	Toronto Ontario	Canada
YUL	Montreal, Dorval Int'l Quebec	Canada
YVA	Moroni	Comoros
YVR	Vancouver, Int'l British Columbia	Canada
YWG	Winnipeg Manitoba	Canada
YYZ	Toronto, Lester B.Pearson Int'l Ontario	Canada

【Z】

ZRH	Zurich	Swizerland

References

김기홍(2004), 항공관광경영론, 대왕사.

김홍범 역(2006), 호텔관광마케팅, 한올출판사.

노장호(1994), 베스트 브랜드, 김영사.

대한항공(2011, 2012, 2016, 2017), Monthly In-flight Magazine.

박길우 역(1994), 마케팅 불변의 법칙, 십일월출판사.

박정혁 역(2005), 마케팅을 혁신하는 5가지 원칙, 세종서적.

박혜정(2010), 항공객실업무, 백산출판사.

_____(2010), 항공기내 식음료 서비스, 백산출판사.

서영준 역(2007), 마케팅 매트릭스, 럭스미디어.

아시아나항공(2011, 2012, 2016, 2017), Monthly In-flight Magazine.

안광호 외 2인 역(2008), 필립코틀러의 마케팅입문, 경문사.

안진환 역(2006), 마케팅 전쟁, 비즈니스북스.

유광의(1996), 항공사경영론, 백산출판사.

유광의 · 유문기(2004), 공항운영 및 관리, 백산출판사.

_____(2015), 공항운영론, 대왕사.

유도재 · 조인환(2016), Hospitality Marketing, 대왕사.

유문기 외(2016), 항공운송론, 대왕사.

윤대순(1996), 항공업무론, 백산출판사.

이태원(1993), 현대항공수송론, 서울프레스.

장세진(2004), 글로벌 경쟁시대의 경영전략, 박영사.

정규엽(2016), 호텔관광외식마케팅, 연경문화사.

정익준(2006), 항공운송관리론, 백산출판사.

조인환(2015), 항공사실무론, 백산출판사.

_____(2002), 항공사 전략적 제휴 필요성 분석, 항공산업연구.

_____(2012), 항공사 취업 가이드북, 대왕사.

_____(2005), 동북아시아 허브공항으로서의 인천국제공항 경쟁력분석, 관광경영학연구, 관광경영학회.

조인환·김기홍(2006), 항공서비스세미나, 대왕사.

조인환·변동현(2014), 항공서비스영어, 백산출판사.

채서일(2001), 마케팅, 학현사.

최종남 역(2004), 광고불변의 법칙, 거름.

한국항공진흥협회(2017), 항공통계, 2017.

홍수원 역(2000), 파워브랜드 50, 세종연구원.

Aaker, David A.(2002), Brand Leadership, Free Press.

_____(2004), Brand Portfolio Strategy, Free Press.

Advertising Age(Apr. 2007), "Information on Advertising Agency Revenues from 'Agency Report 2007,'" accessed at www.adage.com.

Airline Business, 2017, pp. 1~12.

As Quoted in Carolyn P. Neal(Jan.-Feb. 2006), "From the Editor," Marketing Management, p. 3.

Beal, Barney(Jan. 2007), CRM, Customer Services Still Driving Technology Spending, www.searchcrm.com, 18.

Christopher, M., A. Payne & D. Ballantyne(1991), Relationship Marketing, Butterworth-Heinemann Ltd.

Creamer, Matthew(June 2005), "Shops Push Affinity, Referrals over Sales," Advertising Age, p. S4.

Dhar, Ravi & Rashi Glazer(May 2003), "Hedging Customers," Harvard Business Review, pp. 86~92; Also see Lan Gordon(Mar.-Apr. 2006), "Relationship Marketing :

Managing Wasteful or WorhlessCustomer Relationship," Lvey Business Journal, pp. 1~4.

For More on Brand and Product Management(2008), see Kevin Lane Keller, Strategic Brand Management,3rd ed., Upper Saddle River, NJ: Pren-tice Hall.

For More on How to Measure Customer Satisfaction(Jan.-Feb. 2007), see D. Randall Brandt, "For Good Measure," Marketing Management, pp. 21~25.

For These and Other Examples(Apr. 2006), see Darell K. Rigby & Vijay Vish-wanath, "Localization : The Revolution in Consumer Markets," Harvard Business Review, pp. 82~92.

JACDEC, Annual Report, 2015-2016.

Jackie Gallacher(1999), Circling the Glove, Airline Business, July.

Jan K. Brueckner and W. Tom Whalen(1999), Passenger Welfare Gains from the Northwest / KLM Alliance, University of Illinois, Apr.

Kendy, William F.(Apr. 2006), "The Price is Too High," Selling Power, pp. 30~33.

Kinni, Theodore(Apr. 2007), "The Team Solution," Selling Power, pp. 27~29.

Kotler, Philip(1973-1974), "Atmospherics as a Marketing Tool," Journal of Retailing, Winter, pp. 48~64.

_____(1988), Marketing Management, Prentice-Hall.

_____(1999), Kotler on Marketing, Free Press, pp. 43~44.

_____, John T. Bowen & James C. Makens(1996), Marketing for Hospitality and Tourism, Upper Saddle River, N.J.: Prentice Hall.

_____& Kevin Lane Keller, Marketing Management, 12th ed., Upper Saddle River, N.J.: Prentice-Hall, p. 27.

Miliand, Lele(1987), The Customer is Key, New York: John Wiley & Sons.

Morrison, A.(1989), Hospitality and Travel Marketing.

_____(2002), Hospitality and Travel Marketing, Delmar.

Northwest Airlines(2009), Reservation and Ticketing Manual.

_____(2009), Hands On.

_____(2009), Sales and Service Enhancement Project.

_____(2009), Fare Construction Manual.

_____(2009), In-flight Training Manual.

_____(2009), Cabin Announcement.

_____(2009), Cabin Safety.

_____(2009), Welcome to America.

Ortt, J. Roland(2006), "Innovation Management : Different Approaches to Cope with the Same Trends," Management, Fall, pp. 296~318.

Peppers, Don & Martha Rogers(June 2006), "Customer Loyalty : A Matter or Trust," Sales & Marketing Management, p. 22.

Quotes and definitions from Philip Kotler(1999), Kotler on Marketing, New York: Free Press, p. 17; and www.asq.org, accessed Novem-ber 2007.

Robert J. Dolan & Simon, Hermann(1996), Power Pricing, Free Press.

Rigas Doganis(2001), The Airline Business in the 21st Century, ROUTLEDGE.

Scheuing, Eberhard E. & Eugene M. Johnson(1987), "New Product Management in Service Industries : An Early Assessment," in Carol Suprenant(ed.), Add Value to Your Service, Chicago: American Marketing Association.

Shultz, Don E., William A. Rovinson & Lisa A. Petrison(1994), Sales Promotion Essentials, 2nd ed., NTC Business Books.

Skinner, David & Doug Brooks(May. 2007), "Move from Metrics Overload to Actionable Insights,"Advertising Age, pp. 14~15.

Trout, Jack(June 2007), "Branding Can't Exist Without Positioning," Advertising Age, p. 10.

Vence, Deborah L.(Oct. 2005), "Return on Investment," Marketing News, pp. 13~14.

Walmsley, Andrew(Dec. 2006), "The Year of Consumer Empowerment," Marketing, p. 9.

Worldspan(2009), Reservation and Ticketing Manual.

Air France : www.airfrance.com

Air Asia : www.airasia.com

All Nippon Airways : www.ana.com

American Airlines : www.aa.com

Asiana Airlines : www.flyasiana.com

British Airways : www.britishairways.com

Cathay Pacific Airways : www.cathaypacific.com

China Airlines : www.china-airlines.com

Continental Airlines : www.continental.com

Delta Airlines : www.delta.com

Emirates : www.emirates.com

Etihad Airways : www.etihad.com

Finnair : www.finnair.com

Japan Airlines : www.kr.jal.com

Korean Air : www.koreanair.com

Lufthansa : www.lufthansa.com

Philippine Airlines : www.philippineairlines.com

Qantas Airways : www.qantas.com.

Qatar Airways : www.qatarairways.com

Ryanair : www.ryanair.com

Singapore Airlines : www.singaporeair.com

Southwest Airlines : www.southwest.com

Thai Airways : www.thaiairways.com

Turkish Airlines : www.turkishairlines.com

United Airlines : www.kr.united.com

Virgin Atlantic : www.virgin-atlantic.com

Hawaiian Airlines : www.hawaiianairlines.com

Appendix